ゼータ進化論

〜究極の行列式表示を求めて〜

黒川 信重 著

血 現代数学社

はじめに

　数学の根源的な研究対象はゼータ関数です．それは，18世紀のオイラーや19世紀のリーマンによって素数の探求からはじまりました．リーマンが1859年に出版した『リーマン予想』は，ゼータ関数の零点に関する予想ですが，162年経った現在でも，数学における最高の未解決問題として輝いています．

　ゼータ関数は20世紀と21世紀においても多種多様な方面へと発展を続けています．そのようすは，地球の生きものが進化してきた道に勝るとも劣らずめくるめく驚きに満ちています．ダーウィンの『進化論』は，偶然にも，リーマン予想と同じく1859年に出版されました．

　本書はゼータ関数に親しむことを目的にしています．そのために，ゼータ関数をゼータ惑星の生きものと考えて，『ゼータ進化論』を考察して行きます．

　重要なヒントは，ゼータ関数の零点が地球の生きものでは遺伝子（DNAおよびRNA）に対応すると考えることです．

　新型コロナウイルスによるパンデミックの収束が見えてきた今，地球のウイルスを含めた進化論を横目で眺めながら，ゼータ惑星の『ゼータ進化論』を読み進めてください．

　『ゼータ進化論』はゼータ関数の進化を解明するとともに，地球の生きものの未来にも示唆を与えてくれることがたくさんあることでしょう．

2021年5月10日

黒川信重

目　　次

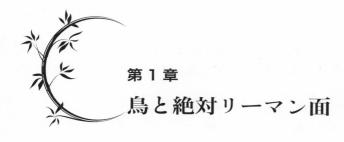

第 1 章
鳥と絶対リーマン面

　ゼータを研究していると,「ゼータとは何?」とよく聞かれるのであるが,「ゼータはゼータ惑星の生きもの」と答えることにしている. この本では, ゼータ進化論を話したい.

　ゼータは数学の重要な登場者であり, 数学最高の難問として有名なリーマン予想はゼータの零点問題である. リーマン予想が提出されてから 160 年以上経ったものの未解決のままであることに象徴されている通り, ゼータは一般にはとても難解である. 地球の人類には解明するのは無理であろうという声さえ聞こえてくる.

　そうは言っても, たとえ, ゼータが「竜」(dragon) であっても「竜木」(dragon tree) であっても, 危険は承知で解明したいのが人情である.

　では, 探検の旅に出よう.

1.1　リーマンとダーウィン

　リーマン予想はドイツのリーマン (1826 年 9 月 17 日 – 1866 年 7 月 20 日) が 1859 年 11 月に提出した:

B.Riemann "Ueber die Anzahl der Primzahlen unter einer gegebenen Grösse" [与えられた大きさ以下の素数の個数について]『ベルリン学士院月報』1859 年 11 月号, 671–680 ページ.

　偶然と見る人が多いだろうが，その11月にイギリスのダーウィン（1809年2月12日–1882年4月19日）の進化論が出版されている：

　C.Darwin"On the Origin of Species"［種の起源］マレー出版社，1859年11月24日.

　この偶然なる暗合に示唆されて，私はゼータをゼータ惑星の生きものと考えて，ゼータ進化論を夢想するようになった．たとえば，次の記事がある：

　黒川信重「オイラー積の250年（上，下）」『数学セミナー』1988年9月号，10月号［黒川信重『ガロア理論と表現論：ゼータ関数への出発』日本評論社，2014年の第4章に再録］.

　黒川信重「数から見た数学の展開」『日経サイエンス』1994年6月号30–39ページ（『日経サイエンス』2021年6月号2ページ「創刊50周年記念・科学アルバム」に抜粋掲載）.

　どちらにも，ゼータをゼータ惑星の生きものと見て，進化の軌跡の図が入っている．とくに，後者には「ゼータ惑星」（および，生きもの）のカラーの絵がある．
　なお，「進化論」においての「進化」とは日常語でもっているような肯定的な意味合いはなく，たとえば，「退化」も「進化」の一種である，ということにも留意しておこう．実際，ゼータ関数論も退化するのである．

1.2　恐竜と鳥

　地球上の生物の起源を話すには，単細胞生物——とくに原核生物——からはじめるのが良いというのが現代生物学である．地球の大気内の酸素が現在のような高濃度になり酸素呼吸の生物

の繁栄をもたらしたのは微生物である藍藻（ランソウ）が光合成によって酸素を大量生産したからであり，そのような藍藻が現在の植物の葉緑体となった（細胞内共生進化）ということは定説になっている．簡単に言ってしまえば，動物は植物の葉緑体のおかげで生きていられるのであり，もし動物が全滅したとしても（地球温暖化が進行して？）地球は植物の世界として大繁栄するのであろう．

　このように見てくると，ゼータの場合も，より簡単なゼータを探すのが根本問題であることがわかる．先まわりして言えば，それは「絶対ゼータ（0層）」ということになる．ただ，絶対ゼータが表に明示的に出てきたのは21世紀はじめという比較的最近のことでもあり，その際に「一元体 $\mathbb{F}_1$」というものが現れることもあり，なかなか理解されないのが現実である．

　絶対ゼータに関しては，簡単でないもの（1層，2層，…）も含めて徐々に扱うが，参考書を三つあげておこう：

　黒川信重『絶対数学原論』現代数学社，2016年，

　黒川信重『絶対ゼータ関数論』岩波書店，2016年，

　黒川信重『リーマン予想の今，そして解決への展望』技術評論社，2019年．

　さて，ゼータを生きものと見るにしても比較するにしても，地球生物を何か例にあげておいた方が良いであろう．私には，目には見えない藍藻や千年以上長生きするような大木がゼータにふさわしいと思えるのであるが，親しみにくいかも知れない．
　そこで，身近な話にすることにして

　　　　ゼータ関数：絶対ゼータ関数（0層）＝恐竜：鳥

という図式で説明しよう：

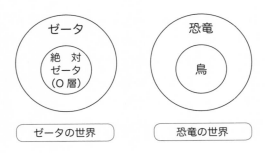

もちろん，「鳥は恐竜である」あるいは「鳥は恐竜から進化した」という命題は若い人には自明の事のように知識として染み込んでいる人も多いのであろうが，昔に子供だった人には「スズメのような鳥とティラノサウルスのような恐竜が一緒だなんて」と不信感をもたれないとは限らない．それを改善するには，最新の知見を自主的に取り込んでいただくに限るが，絵も豊富な最近の本を一冊だけ上げておこう：

　平山　廉『新説　恐竜学』カイゼン，2019 年 7 月.

　ゼータの例を二つだけあげておくと，リーマンゼータ
$$\zeta_Z(s) = 1 + 2^{-s} + 3^{-s} + 4^{-s} + 5^{-s} + 6^{-s} + 7^{-s} + \cdots$$
と一元体 $\mathbb{F}_1$ の絶対ゼータ
$$\zeta_{\mathbb{F}_1}(s) = \frac{1}{s}$$

となる．リーマンゼータ $\zeta_Z(s)$ の場合には「複素数 s への解析接続」という作業を行うと，$\zeta_Z(s)$ がすべての複素数 s に対して意味のあるものになる．その上で $\zeta_Z(s)$ の零点（値が零になる s）は $s = -2, -4, -6, \cdots$ を除くと，
$$s = \frac{1}{2} + i\alpha \quad (\alpha \text{ は実数, } i \text{ は虚数単位： } i^2 = -1)$$

という形 —— つまり，s の実部 $\mathrm{Re}(s) = \frac{1}{2}$ —— となっているだ

ろう，というのがリーマン予想である．実際，実の零点は
$-2, -4, -6, \cdots$ で尽きることと，$\frac{1}{2}+i\alpha$ の形の虚の零点が無限
個あることは証明されている．そのことは，今から百年以上も
昔からわかっていたのであるが，虚の零点の実部がすべて $\frac{1}{2}$ と
なることが今でも証明されていないのである．

　その状況は一言で述べれば，$\zeta_Z(s)$ の零点が無限個あることに
起因していて，零点の探求に出かけた研究者は迷宮に入ってし
まったか，戻って来れないのである．要するに，$\zeta_Z(s)$ は大型恐
竜のように人間にとっては非常に危険なものであり，相応の覚
悟が必要となる．

　そこで，絶対ゼータに目を転ずると，$\zeta_{F_1}(s)$ の零点は無い，
とすぐにわかってしまう．これのみでスズメのような親しみを感
じてもらうには不足であろうから，次の節で詳しく解説する「絶
対リーマン面のゼータ」から簡単なものを書いておこう：

$$\zeta_{(0)}(s) = \frac{\left(s-\frac{1}{2}\right)^2}{s(s-1)}.$$

これは，零点が $s=\frac{1}{2}$ のみであり，$\mathrm{Re}(s)=\frac{1}{2}$ をみたしていて，
リーマン予想の類似物が成り立つことがわかる．初歩から学び
たい読者は

　黒川信重『リーマン予想を解こう』技術評論社，2014 年

の第 3 章「リーマン予想の解き方」の問題 3（88 ページ）を解く
ことの周辺からはじめると良いであろう．そこでは，たとえば

$$\left(\frac{s}{s-\frac{1}{2}}\right)^{\otimes 2} = \frac{s(s-1)}{\left(s-\frac{1}{2}\right)^2}$$

が計算問題となっている．この $\otimes$ は黒川テンソル積である．

1.3　絶対リーマン面のゼータ

　絶対ゼータの構成法を説明しよう．それには，絶対保型形式 $f(x)$ から出発する．これは，実解析的（あるいは適度に解析的な）関数

$$f : \mathbb{R}_{>0} = \{正の実数\} \longrightarrow \mathbb{C}$$

であって絶対保型性

$$f\left(\frac{1}{x}\right) = Cx^{-D}f(x) \quad (C = \pm 1, \ D \in \mathbb{C})$$

をみたすものを指す．

　絶対ゼータ $\zeta_f(s)$ を作るには，2変数のゼータ関数

$$Z_f(w, s) = \frac{1}{\Gamma(w)} \int_1^\infty f(x) x^{-s-1} (\log x)^{w-1} dx$$

を用いて

$$\zeta_f(s) = \exp\left(\frac{\partial}{\partial w} Z_f(w, s)\Big|_{w=0}\right)$$

とする（ゼータ正規化；『絶対ゼータ関数論』参照）．

　簡単な場合として，$f(x)$ が整係数の多項式

$$f(x) = \sum_k a(k) x^k$$

のときには絶対ゼータは

$$\zeta_f(s) = \prod_k \zeta_{\mathbb{F}_1}(s-k)^{a(k)} = \prod_k (s-k)^{-a(k)}$$

という有理関数となり，関数等式

$$\zeta_f(D-s)^C = (-1)^{\chi(f)} \zeta_f(s)$$

をみたす：細かい計算は同上書参照．ただし，

$$\chi(f) = f(1) = \sum_k a(k)$$

はオイラー・ポアンカレ標数である．

例1 $f(x)=1$（定数）なら $C=1,\ D=0,\ \chi(f)=1$,

$$\zeta_f(s)=\frac{1}{s}=\zeta_{\mathbb{F}_1}(s)\ \text{で}\ \zeta_f(-s)=-\zeta_f(s).$$

例2 $f(x)=x-1$ なら $C=-1,\ D=1,\ \chi(f)=0$,

$$\zeta_f(s)=\frac{s}{s-1}=\zeta_{GL(1)}(s)\ \text{で}\ \zeta_f(1-s)=\zeta_f(s)^{-1}.$$

例3 $f(x)=(x-1)^2=x^2-2x+1$ なら

$C=1,\ D=2,\ \chi(f)=0$,

$$\zeta_f(s)=\frac{(s-1)^2}{s(s-2)}=\zeta_{GL(1)^2}(s)\ \text{で}\ \zeta_f(2-s)=\zeta_f(s).$$

例4 $f(x)=x+1$ なら $C=1,\ D=1,\ \chi(f)=2$,

$$\zeta_f(s)=\frac{1}{s(s-1)}=\zeta_{\mathbb{P}^1}(s)\ \text{で}\ \zeta_f(1-s)=\zeta_f(s).$$

例5 $f(x)=(x^2-1)(x^2-x)=x^4-x^3-x^2+x$ なら $C=1$,

$D=5,\ \chi(f)=0$,

$$\zeta_f(s)=\frac{(s-2)(s-3)}{(s-1)(s-4)}=\zeta_{GL(2)}(s)\ \text{で}\ \zeta_f(5-s)=\zeta_f(s).$$

上記の例の記号において，$GL(n)$ は一般線形群，$\mathbb{P}^n$ は射影空間を指している．

次に，絶対リーマン面（種数 g）のゼータを定義する．まず，$g=0,1,2,\cdots$ に対して，0 以上の実数の g 個の組 $\alpha=(\alpha(1),\cdots,\alpha(g))$ を取り，絶対保型形式

$$f_\alpha(x)=x-2x^{\frac{1}{2}}\sum_{k=1}^{g}\cos(\alpha(k)\log x)+1$$

を考える．ここで，

$$f_\alpha\left(\frac{1}{x}\right) = x^{-1} f_\alpha(x)$$

はすぐわかる．また，$\chi(f_\alpha) = 2 - 2g$ である．絶対ゼータ

$$\zeta_\alpha(s) = \zeta_{f_\alpha}(s)$$

を計算しよう．

練習問題 1　次を示せ．

(1)　$\displaystyle \zeta_\alpha(s) = \frac{\displaystyle\prod_{k=1}^{g}\left(\left(s - \frac{1}{2}\right)^2 + \alpha(k)^2\right)}{s(s-1)}$.

　　とくに，

$$\zeta_\phi(s) = \frac{1}{s(s-1)} = \zeta_{\mathbb{P}^1}(s),$$

$$\zeta_{(0)}(s) = \frac{\left(s - \dfrac{1}{2}\right)^2}{s(s-1)} = \zeta_{GL(1)^2}(2s).$$

(2)　$\zeta_\alpha(1-s) = \zeta_\alpha(s)$.　［関数等式］

(3)　$\zeta_\alpha(s) = 0$ なら $\mathrm{Re}(s) = \dfrac{1}{2}$.　［リーマン予想］

(4)　$\zeta_\alpha\left(\dfrac{1}{2}\right) = -\left(2\displaystyle\prod_{k=1}^{g}\alpha(k)\right)^2$.　［中心値］

解答

(1)　$\displaystyle f_\alpha(x) = x - \sum_{k=1}^{g}\left(x^{\frac{1}{2}+i\alpha(k)} + x^{\frac{1}{2}-i\alpha(k)}\right) + 1$

　　より

$$Z_{f_\alpha}(w, s) = (s-1)^{-w} - \sum_{k=1}^{g}\left\{\left(s - \frac{1}{2} - i\alpha(k)\right)^{-w}\right.$$

$$\left. + \left(s - \frac{1}{2} + i\alpha(k)\right)^{-w}\right\} + s^{-w}$$

　　となるので

$$\zeta_\alpha(s) = \zeta_{f\alpha}(s)$$

$$= \frac{\displaystyle\prod_{k=1}^{g}\left(s-\frac{1}{2}-i\alpha(k)\right)\cdot\prod_{k=1}^{g}\left(s-\frac{1}{2}+i\alpha(k)\right)}{(s-1)s}$$

$$= \frac{\displaystyle\prod_{k=1}^{g}\left(\left(s-\frac{1}{2}\right)^2+\alpha(k)^2\right)}{s(s-1)}$$

である. とくに, $\alpha=\phi$（空集合）のときは $g=0$ であり

$$\zeta_\phi(s) = \frac{1}{s(s-1)} = \zeta_{\mathbb{P}^1}(s).$$

また, $\alpha=(0)$ のときは $g=1$ であり

$$\zeta_{(0)}(s) = \frac{\left(s-\frac{1}{2}\right)^2}{s(s-1)} = \zeta_{GL(1)^2}(2s).$$

(2) $\displaystyle\zeta_\alpha(1-s) = \frac{\displaystyle\prod_{k=1}^{g}\left(\left(\frac{1}{2}-s\right)^2+\alpha(k)^2\right)}{(1-s)(-s)}$

$$= \frac{\displaystyle\prod_{k=1}^{g}\left(\left(s-\frac{1}{2}\right)^2+\alpha(k)^2\right)}{s(s-1)}$$

$$= \zeta_\alpha(s).$$

(3) $\displaystyle\zeta_\alpha(s)=0 \implies \prod_{k=1}^{g}\left(\left(s-\frac{1}{2}\right)^2+\alpha(k)^2\right)=0$

$$\implies \text{ある } k \text{ に対して } s=\frac{1}{2}\pm i\alpha(k)$$

$$\implies \mathrm{Re}(s)=\frac{1}{2}.$$

(4) $\displaystyle\zeta_\alpha\left(\frac{1}{2}\right) = \frac{\displaystyle\prod_{k=1}^{g}\alpha(k)^2}{\frac{1}{2}\left(-\frac{1}{2}\right)} = -4\prod_{k=1}^{g}\alpha(k)^2 = -\left(2\prod_{k=1}^{g}\alpha(k)\right)^2.$

（**解答終**）

この計算の背景にはオイラーの 1774 年 12 月 8 日付の論文

"Speculationes analyticae" ［解析的考察］ Novi Commentarii
Academiae Scientiarum Petropolitanae **20**（1776）p. 59–79
（『オイラー全集』第 I シリーズ，第 18 巻，p. 1–22，論文番
号 E 475）

がある．それを解説・一般化した

黒川信重『オイラーのゼータ関数論』現代数学社，2018 年
の第 9 章「絶対ゼータ関数論の発展」（p. 145–164）

を読まれたい．

古典的リーマン面はリーマンが創造した偉大なる空間概念で
あり種数 g のリーマン面（コンパクト）は g 個の穴のあいた浮き
袋（$g=0$ なら球面，$g=1$ ならドーナツ）

という絵をよく目にする．
絶対ゼータ $\zeta_a(s)$ に対応する絶対リーマン面も絵を思い浮かべ
ると親しみが増すであろう．そのために

という絵を提案しておこう．この g 個の黒円盤は面積が

$\dfrac{1}{\dfrac{1}{4}+\alpha(k)^2}$ $(k=1,\cdots,g)$ としておけばわかりやすくなる．黒円

盤の面積の和を

$$A(\alpha)=\sum_{k=1}^{g}\frac{1}{\dfrac{1}{4}+\alpha(k)^2}$$

と書いておこう．ここで，$\alpha(k)\geqq 0$ なので

$$0<A(\alpha)\leqq 4g$$

となっている．等号成立は $\alpha=(0,\cdots,0)$ のときのみである．

　この，絶対リーマン面のゼータは「ゼータとは何か」を考える際にも「ゼータ進化論」の研究にも重要となるので，よく味わっていただきたい．

1.4 行列式表示

　絶対リーマン面のゼータに対して行列式表示を確認しよう．

練習問題2　$\alpha=(\alpha(1),\cdots,\alpha(g))$ 対して $2g$ 次の実交代行列

$$D_\alpha=\begin{pmatrix} 0 & -\alpha(1) & & \\ \alpha(1) & 0 & & O \\ & & \ddots & \\ & O & 0 & -\alpha(g) \\ & & \alpha(g) & 0 \end{pmatrix}$$

を考える．このとき次を示せ．

(1) $\zeta_\alpha(s)=\dfrac{\det\left(\left(s-\dfrac{1}{2}\right)-D_\alpha\right)}{s(s-1)}$．　［行列式表示］

(2) D_α の固有値は $\pm i\alpha(k)$ $(k=1,\cdots,g)$ である．

解答

(1) 行列式を計算すると

$$\det\left(\left(s-\frac{1}{2}\right)-D_\alpha\right)=\det\begin{pmatrix} s-\frac{1}{2} & \alpha(1) & & & \\ -\alpha(1) & s-\frac{1}{2} & & \text{\huge$O$} & \\ & & \ddots & & \\ & \text{\huge$O$} & & s-\frac{1}{2} & \alpha(g) \\ & & & -\alpha(g) & s-\frac{1}{2} \end{pmatrix}$$

$$=\det\begin{pmatrix} s-\frac{1}{2} & \alpha(1) \\ -\alpha(1) & s-\frac{1}{2} \end{pmatrix}\cdots\det\begin{pmatrix} s-\frac{1}{2} & \alpha(g) \\ -\alpha(g) & s-\frac{1}{2} \end{pmatrix}$$

$$=\prod_{k=1}^{g}\left(\left(s-\frac{1}{2}\right)^2+\alpha(k)^2\right)$$

となるので，行列式表示が成立する. **（解答終）**

1.5 オイラー定数

絶対リーマン面のゼータ $\zeta_\alpha(s)$ に対して正規オイラー定数 $\gamma^*(\alpha)$ は

$$\gamma^*(\alpha)=\lim_{s\to1}\left(\frac{\zeta'_\alpha(s)}{\zeta_\alpha(s)}+\frac{1}{s-1}\right)$$

と定められる．正規化されていないオイラー定数 $\gamma(\alpha)$ とは

$$\gamma(\alpha)=\lim_{s\to1}\left(\zeta_\alpha(s)-\frac{R(\alpha)}{s-1}\right)$$

である．ここで，

$$R(\alpha)=\operatorname{Res}_{s=1}(\zeta_\alpha(s))$$

は留数であり，

$$\gamma^*(\alpha)=\frac{\gamma(\alpha)}{R(\alpha)}$$

となっている．

練習問題 3 $\alpha = (\alpha(1), \cdots, \alpha(g))$ に対して次を示せ.

(1) $\displaystyle R(\alpha) = \prod_{k=1}^{g} \left(\frac{1}{4} + \alpha(k)^2 \right).$

(2) $\displaystyle \gamma^*(\alpha) = \sum_{k=1}^{g} \frac{1}{\dfrac{1}{4} + \alpha(k)^2} - 1 = A(\alpha) - 1.$

(3) $\displaystyle \gamma(\alpha) = \prod_{k=1}^{g} \left(\frac{1}{4} + \alpha(k)^2 \right) \left\{ \sum_{k=1}^{g} \frac{1}{\dfrac{1}{4} + \alpha(k)^2} - 1 \right\}.$

解答

(1)
$$
\begin{aligned}
R(\alpha) &= \mathrm{Res}_{s=1}(\zeta_\alpha(s)) \\
&= \lim_{s \to 1} (s-1)\zeta_\alpha(s) \\
&= \lim_{s \to 1} \frac{1}{s} \prod_{k=1}^{g} \left(\left(s - \frac{1}{2} \right)^2 + \alpha(k)^2 \right) \\
&= \prod_{k=1}^{\alpha} \left(\frac{1}{4} + \alpha(k)^2 \right).
\end{aligned}
$$

(2) 対数微分により

$$
\frac{\zeta_\alpha'(s)}{\zeta_\alpha(s)} = -\frac{1}{s-1} - \frac{1}{s} + \sum_{k=1}^{g} \frac{2\left(s - \dfrac{1}{2}\right)}{\left(s - \dfrac{1}{2}\right)^2 + \alpha(k)^2}
$$

であるから

$$
\begin{aligned}
\gamma^*(\alpha) &= \lim_{s \to 1} \left(\frac{\zeta_\alpha'(s)}{\zeta_\alpha(s)} + \frac{1}{s-1} \right) \\
&= \lim_{s \to 1} \left(-\frac{1}{s} + \sum_{k=1}^{g} \frac{2\left(s - \dfrac{1}{2}\right)}{\left(s - \dfrac{1}{2}\right)^2 + \alpha(k)^2} \right) \\
&= -1 + \sum_{k=1}^{g} \frac{1}{\dfrac{1}{4} + \alpha(k)^2} \\
&= -1 + A(\alpha)
\end{aligned}
$$

となる. したがって,

$$-1 < \gamma^*(\alpha) \leqq 4g-1$$

がわかる．等号成立は $\alpha = (0, \cdots, 0)$ のときのみである．

(3)　$R(\alpha)$ と $\gamma^*(\alpha)$ の計算から

$$\gamma(\alpha) = R(\alpha)\gamma^*(\alpha)$$
$$= \prod_{k=1}^{g} \left(\frac{1}{4} + \alpha(k)^2 \right) \left\{ -1 + \sum_{k=1}^{g} \frac{1}{\frac{1}{4} + \alpha(k)^2} \right\}. \qquad \textbf{（解答終）}$$

例　0 を g 個並べた $\mathbf{0} = (0, \cdots, 0)$ に対して

$$\gamma^*(\mathbf{0}) = 4g-1,$$
$$R(\mathbf{0}) = \frac{1}{4^g},$$
$$\gamma(\mathbf{0}) = \frac{4g-1}{4^g}.$$

1.6　連結和

　リーマン面の連結和とは，種数 g のリーマン面 M と種数 g' のリーマン面 M' から種数 $g+g'$ のリーマン面 $M \# M'$ を構成するものであり，穴を並べた形になる．これは，絶対リーマン面のゼータに対して類似を考えると，

$$\alpha = (\alpha(1), \cdots, \alpha(g)), \ \beta = (\beta(1), \cdots, \beta(g'))$$

から連結和

$$\alpha \# \beta = (\alpha(1), \cdots, \alpha(g), \ \beta(1), \cdots, \beta(g'))$$

を作ることにあたる．

練習問題4 $\alpha = (\alpha(1), \cdots, \alpha(g))$,
$\beta = (\beta(1), \cdots, \beta(g'))$ に対して次を示せ.

(1) $\zeta_{\alpha\#\beta}(s) = \dfrac{\zeta_\alpha(s)\zeta_\beta(s)}{\zeta_\phi(s)}$.

　ここで,

$$\zeta_\phi(s) = \zeta_{\mathrm{P}^1}(s) = \frac{1}{s(s-1)}.$$

(2) $\gamma^*(\alpha \# \beta) = \gamma^*(\alpha) + \gamma^*(\beta) + 1$.

(3) $A(\alpha \# \beta) = A(\alpha) + A(\beta)$.

解答

(1)　$\zeta_{\alpha\#\beta}(s) = \dfrac{\prod\limits_{k=1}^{g}\left(\left(s-\frac{1}{2}\right)^2 + \alpha(k)^2\right)\prod\limits_{\ell=1}^{g'}\left(\left(s-\frac{1}{2}\right)^2 + \beta(\ell)^2\right)}{s(s-1)}$

$= \dfrac{\prod\limits_{k=1}^{g}\left(\left(s-\frac{1}{2}\right)^2 + \alpha(k)^2\right)}{s(s-1)} \cdot \dfrac{\prod\limits_{\ell=1}^{g'}\left(\left(s-\frac{1}{2}\right)^2 + \beta(\ell)^2\right)}{s(s-1)} \cdot s(s-1)$

$= \zeta_\alpha(s)\,\zeta_\beta(s)\,\zeta_\phi(s)^{-1}$.

(2) 上の計算より
$$\gamma^*(\alpha \# \beta) = \gamma^*(\alpha) + \gamma^*(\beta) - \gamma^*(\phi)$$
$$= \gamma^*(\alpha) + \gamma^*(\beta) + 1.$$

(3)　$A(\alpha \# \beta) = \sum\limits_{k=1}^{g} \dfrac{1}{\frac{1}{4} + \alpha(k)^2} + \sum\limits_{\ell=1}^{g'} \dfrac{1}{\frac{1}{4} + \beta(\ell)^2}$

$= A(\alpha) + A(\beta)$.

　これは面積の和という解釈からも明白となる.　　**（解答終）**

1.7　無限遠値

無限遠値

$$\zeta_\alpha(\infty) = \lim_{s\to\infty} \zeta_\alpha(s)$$

を求めよう.

練習問題 5　$\alpha = (\alpha(1),\cdots,\alpha(g))$ に対して次を示せ:

$$\zeta_\alpha(\infty) = \begin{cases} \infty & \cdots\ \chi(f_\alpha) < 0 \quad (g \geqq 2), \\ 1 & \cdots\ \chi(f_\alpha) = 0 \quad (g = 1), \\ 0 & \cdots\ \chi(f_\alpha) > 0 \quad (g = 0). \end{cases}$$

解 答　$\chi(f_\alpha) = 2 - 2g$ であり

$$\zeta_\alpha(s) = s^{-\chi(f_\alpha)} \frac{\prod_{k=1}^{g}\left(\left(1 - \frac{1}{2s}\right)^2 + \frac{\alpha(k)^2}{s^2}\right)}{1 - \frac{1}{s}}$$

となる. したがって, $s \to \infty$ とすることによって

$$\lim_{s\to\infty} \frac{\prod_{k=1}^{g}\left(\left(1 - \frac{1}{2s}\right)^2 + \frac{\alpha(k)^2}{s^2}\right)}{1 - \frac{1}{s}} = 1$$

から

$$\lim_{s\to\infty} \frac{\zeta_\alpha(s)}{s^{-\chi(f_\alpha)}} = 1$$

を得る. よって,

$$\zeta_\alpha(\infty) = \begin{cases} \infty & \cdots\ \chi(f_\alpha) < 0, \\ 1 & \cdots\ \chi(f_\alpha) = 0, \\ 0 & \cdots\ \chi(f_\alpha) > 0 \end{cases}$$

がわかる. **（解答終）**

1.8 無限種数

リーマン予想が提出された 1859 年のドイツに戻ってみると，リーマンが居たゲッティンゲンから南に向った地方で，ほぼ同時期に鳥と恐竜を結びつける「始祖鳥」の化石が発掘されている（1860 年発見，1861 年論文記載）．昔は始祖鳥は何かと疑いの目で見られることもあったが，現在では進化の本道にあることが確立している．

第 1 章では絶対リーマン面のゼータを有限種数 $(g < \infty)$ の場合に考えてきた（連結和 $\alpha, \beta \longrightarrow \alpha \# \beta$ は如何にも "進化" を見させてくれる：$D_{\alpha \# \beta} = D_\alpha \oplus D_\beta$ は直和行列となっている）ので，スズメなどの鳥に近いところで危険性は少ないと言えよう．

これに対して，無限種数 $(g = \infty)$ の場合は，ティラノサウルスなどの大型恐竜に接近するときのように充分な準備が必要である（タイムマシン旅行では詳しい説明がある）．そうすることによって，リーマンゼータ $\xi_Z(s)$ も扱うことができる．

第2章
固有値とDNA

　現代生物学の基本は DNA である．簡単のため DNA で代表
しているが，RNA の場合もある．生物個体を認識する上で最重
要なのが DNA であると言って良い．DNA（遺伝子）研究から進
化の分岐を計算することも行われている．ゼータの場合は行列
式表示に現れる作用素（行列）が DNA に対応していると考える
ことができる．つまり，ゼータの零点・極の固有値解釈がゼー
タの DNA の本質である．さらに，進化に大切なものが黒川テ
ンソル積である．地球生物では DNA の融合にあたる．

2.1　多重ガンマ関数（1904年）

　多重ガンマ関数は 1904 年にバーンズ（Ernest William Barnes,
1874 年 4 月 1 日 – 1953 年 11 月 29 日）がガンマ関数の拡張と
して研究を開始した関数である．詳細な歴史と文献については

　　黒川信重『現代三角関数論』岩波書店，2013 年，

　　黒川信重『絶対ゼータ関数論』岩波書店，2016 年

を熟読されたい．そこに計算されている通り，多重ガンマ関数
はセルバーグゼータ関数のガンマ因子を与えていて，ゼータ関
数である．
　ここでは簡単のために，$\omega_1, \cdots, \omega_r > 0$ に対する $\underline{\omega} = (\omega_1, \cdots, \omega_r)$

のときに多重ガンマ関数 $\Gamma_r(s, \underline{\omega})$ の構成を振り返っておこう．そのために，多重フルビッツゼータ関数

$$\zeta_r(w, s, \underline{\omega}) = \sum_{\underline{n} \geqq 0} (\underline{n} \cdot \underline{\omega} + s)^{-w}$$

$$= \sum_{n_1, \cdots, n_r \geqq 0} (n_1 \omega_1 + \cdots + n_r \omega_r + s)^{-w}$$

を作り

$$\Gamma_r(s, \underline{\omega}) = \exp\left(\frac{\partial}{\partial w} \zeta_r(w, s, \underline{\omega}) \Big|_{w=0} \right)$$

とおく．ここで，$\underline{n} = (n_1, \cdots, n_r)$ であり，$n_1, \cdots, n_r$ は 0 以上の整数を動く．積分表示

$$\zeta_r(w, s, \underline{\omega}) = \frac{1}{\Gamma(w)} \int_0^\infty \frac{e^{-st} t^{w-1}}{(1 - e^{-\omega_1 t}) \cdots (1 - e^{-\omega_r t})} \, dt$$

が $\mathrm{Re}(w) > r$ において成立し，$w \in \mathbb{C}$ へと解析接続可能であり，$w = 0$ においては正則である．

このようにして得られる $\Gamma_r(s, \underline{\omega})$ は s に関する有理型関数となる．さらに，$\Gamma_r(s, \underline{\omega})^{-1}$ は r 位の正則関数であり，正規化積表示

$$\Gamma_r(s, \underline{\omega})^{-1} = \prod_{\underline{n} \geqq 0} (\underline{n} \cdot \underline{\omega} + s)$$

を持つ．ただし，一般に，正規化積 $\prod$ は

$$\prod_{\lambda \in \Lambda} \lambda = \exp(-\zeta'_\Lambda(0))$$

と定められる．ここで，

$$\zeta_\Lambda(w) = \sum_{\lambda \in \Lambda} \lambda^{-w}$$

はゼータ関数である（「正規化積」は「ゼータ正規化積」とも呼ばれる）．今の場合は

$$\zeta_\Lambda(w) = \zeta_r(w, s, \underline{\omega})$$

に対して用いている：

$$\lambda = \underline{n} \cdot \underline{\omega} + s \quad (\underline{n} \geqq \underline{0}).$$

多重ガンマ関数の正規化積表示は行列式表示でもある.

練習問題 1 オイラー作用素を

$$D_{\underline{\omega}} = \omega_1 t_1 \frac{\partial}{\partial t_1} + \cdots + \omega_r t_r \frac{\partial}{\partial t_r}:$$

$$\mathbb{C}[t_1, \cdots, t_r] \longrightarrow \mathbb{C}[t_1, \cdots, t_r]$$

とする. このとき, 行列式表示

$$\Gamma_r(s, \underline{\omega}) = \det(s + D_{\underline{\omega}})^{-1}$$

が成立することを示せ. ただし, 行列式は $D_{\underline{\omega}}$ の固有値 λ に関する正規化積

$$\det(s + D_{\underline{\omega}}) = \prod (s + \lambda)$$

と定める.

解 答

$$D_{\underline{\omega}}(t_1^{n_1} \cdots t_r^{n_r}) = \underline{n} \cdot \underline{\omega}\, t_1^{n_1} \cdots t_r^{n_r}$$

であるから, $D_{\underline{\omega}}$ の固有値は $\lambda = \underline{n} \cdot \underline{\omega}$ であり,

$$\det(s + D_{\underline{\omega}}) = \prod_{\underline{n} \geq \underline{0}} (\underline{n} \cdot \underline{\omega} + s)$$

となる. よって

$$\Gamma_r(s, \underline{\omega})^{-1} = \det(s + D_{\underline{\omega}})$$

が成立する. （解答終）

多重ガンマ関数の重要な性質に周期性

$$\Gamma_r(s + \omega_i, \underline{\omega}) = \Gamma_r(s, \underline{\omega}) \Gamma_{r-1}(s, \underline{\omega}\langle i \rangle)^{-1}$$

がある. ここで,

$$\underline{\omega}\langle i \rangle = (\omega_1, \cdots, \omega_{i-1}, \omega_{i+1}, \cdots, \omega_r)$$

である. 実際, この関係式は多重フルビッツゼータ関数の関係式

$$\zeta_r(w, s + \omega_i, \underline{\omega}) = \zeta_r(w, s, \underline{\omega}) - \zeta_{r-1}(w, s, \underline{\omega}\langle i \rangle)$$

から導かれる.

多重ガンマ関数 $\Gamma_r(s, \underline{\omega})$ は $r = 0, 1$ のときはわかりやすい関数なので表示しておこう．まず，

$$\Gamma_0(s, \phi) = \Gamma_0(s) = \frac{1}{s}$$

である．ただし，ϕ は空集合である．このことは

$$\zeta_0(w, s, \phi) = \zeta_0(w, s) = s^{-w}$$

から来る．次に，

$$\Gamma_1(s, (\omega)) = \frac{\Gamma\left(\frac{s}{\omega}\right)}{\sqrt{2\pi}}\, \omega^{\frac{s}{w} - \frac{1}{2}}$$

となる（レルヒの公式，1894 年）．その計算には

$$\zeta_1(w, s, (\omega)) = \sum_{n=0}^{\infty} (n\omega + s)^{-w}$$
$$= \omega^{-w} \sum_{n=0}^{\infty} \left(n + \frac{s}{\omega}\right)^{-w}$$
$$= \omega^{-w} \zeta\left(w, \frac{s}{\omega}\right)$$

として，

$$\frac{\partial}{\partial w} \zeta_1(w, s, (\omega))\Big|_{w=0} = -(\log \omega)\zeta\left(0, \frac{s}{\omega}\right) + \frac{\partial}{\partial w}\zeta\left(w, \frac{s}{\omega}\right)\Big|_{w=0}$$

において

$$\zeta\left(0, \frac{s}{\omega}\right) = \frac{1}{2} - \frac{s}{\omega},$$
$$\frac{\partial}{\partial w}\zeta\left(w, \frac{s}{\omega}\right)\Big|_{w=0} = \log\frac{\Gamma\left(\frac{s}{\omega}\right)}{\sqrt{2\pi}}$$

を用いれば良い．ここで，

$$\zeta(w, s) = \sum_{n=0}^{\infty} (n+s)^{-w}$$

はフルビッツゼータ関数である．

練習問題 2 関係式
$$\Gamma_1(s+1,(1)) = \Gamma_1(s,(1))\Gamma_0(s)^{-1}$$
が成立していることを確認せよ.

解答 明示式
$$\begin{cases} \Gamma_0(s) = \dfrac{1}{s}, \\ \Gamma_1(s,(1)) = \dfrac{\Gamma(s)}{\sqrt{2\pi}} \end{cases}$$
より
$$\Gamma_1(s+1,(1)) = \frac{\Gamma(s+1)}{\sqrt{2\pi}} = \frac{\Gamma(s)s}{\sqrt{2\pi}}$$
$$= \Gamma_1(s,(1))s = \Gamma_1(s,(1))\Gamma_0(s)^{-1}.$$

（解答終）

多重ガンマ関数は絶対ゼータ関数の一つなので, そのことも書いておこう. 絶対ゼータ関数とは, 絶対保型性
$$f\left(\frac{1}{x}\right) = Cx^{-D}f(x) \quad (C = \pm 1)$$
をみたす絶対保型形式
$$f : \mathbb{R}_{>0} \longrightarrow \mathbb{C}$$
から絶対フルビッツゼータ関数
$$Z_f(w,s) = \frac{1}{\Gamma(w)} \int_1^\infty f(x)x^{-s-1}(\log x)^{w-1}dx$$
$$= \frac{1}{\Gamma(w)} \int_0^\infty f(e^t)e^{-st}t^{w-1}dt$$
を作り,
$$\zeta_f(s) = \exp\left(\frac{\partial}{\partial w} Z_f(w,s)\Big|_{w=0}\right)$$
と定めるものである. ここで, $f(x)$ は実解析的としておこう
(適当な解析性で良い).

多重ガンマ関数の場合は

$$f_{\underline{\omega}}(x) = \frac{1}{(1-x^{-\omega_1})\cdots(1-x^{-\omega_r})} = \prod_{i=1}^{r}(1-x^{-\omega_i})^{-1}$$

と取ればよい．これは絶対保型性

$$f_{\underline{\omega}}\left(\frac{1}{x}\right) = (-1)^r x^{-|\underline{\omega}|} f(x),$$

$$|\underline{\omega}| = \omega_1 + \cdots + \omega_r$$

をみたし，対応する絶対ゼータ関数は多重ガンマ関数となる：

$$\zeta_{f_{\underline{\omega}}}(s) = \Gamma_r(s, \underline{\omega}).$$

とくに，

$$\Gamma_0(s) = \zeta_1(s) = \zeta_{\mathbb{F}_1}(s) = \frac{1}{s}$$

となっている．すべてのゼータ関数の根源となる一元体 $\mathbb{F}_1$ のゼータ関数

$$\zeta_{\mathbb{F}_1}(s) = \frac{1}{s}$$

は多重ガンマ関数として 1904 年に現れていたことに注意されたい．21 世紀の絶対ゼータ関数論については後で解説するが，等式

$$\zeta_{\mathbb{F}_1}(s) = \frac{1}{s}$$

は黒川（2005 年）によって指摘されている．

2.2　固有値問題：ヒルベルト（1904 年）

　固有値（eigenvalue）はヒルベルトが 1904 年の積分方程式論において使いはじめた言葉である：

D.Hilbert "Grundzüge einer allgemeinen Theorie der linearen Integralgleichungen" ［線形積分方程式の一般理論の基礎］Göttingen Nachrichten 1904, 49–91.
（51 ページに「任意の関数を "固有関数"（Eigenfunktionen）

によって展開する」「この成功は "固有値"（Eigenwerte）の存在証明のおかげである」とある.）

固有値問題（eigenvalue problem）とは，線形空間（ベクトル空間；係数は，たとえば $\mathbb{C}$ としておこう）V とその上の線形作用素 $L:V \to V$ が与えられたときに，$\lambda \in \mathbb{C}$ に対して線形方程式

$$Lx = \lambda x$$

に $x \in V-\{0\}$ となる解があるかどうかを研究することである.そのような $x \neq 0$ を固有ベクトル，λ を固有値と呼ぶ.つまり，固有値全体（それをスペクトルと呼んで $\mathrm{Spect}(L)$ と書くこともある）を精密に求めて，固有ベクトルを決定することが問題である.V の次元が有限のときは大学1年生の「線形代数」で扱う.その際は，ゼータ関数（固有多項式，特性多項式）

$$Z(s, L) = \det(s-L)$$

の零点が固有値である（L は行列と考えることが普通である）.一般には，V は無限次元であり，固有値問題は難しい問題となる.

固有値問題は20世紀数学の大きなテーマとなって流れている.思いつくまま挙げてみると次の通りである：

(A) 代数：ゼータ関数の零点・極を固有値として解釈し（ゼータ関数を行列式として表示することと同じ内容），それによってリーマン予想を解く.

(B) 幾何：リーマン多様体 M 上のラプラス作用素 Δ_M の固有値（スペクトル）を研究すること：$V = L^2(M)$, $L = \Delta_M$.典型的問題は「スペクトルで多様体は決まるか？」というものであり，「ドラムの形は聴きとることができるか？」とも言い換えることができる.これは，リーマン多様体をグラフ（離散多様体）などにしても同じであり，ゼータ関数を経由することによって（A）にもなり得る.

(C) 解析：線形微分作用素の固有値問題を解くことは線形微分
方程式を解くことと同じであり根本的問題である．シュレ
ディンガー作用素のときは量子力学の問題でもある．

このように見ただけでも，数学の至る所に固有値問題があり，
「数学とは固有値問題である」と思えてくる．

2.3　ヒルベルト・ポリヤ予想 (1914 年)

リーマンゼータ関数

$$\zeta_Z(s) = \sum_{n=1}^{\infty} n^{-s}$$

はオイラー積表示

$$\zeta_Z(s) = \prod_{p:素数} \zeta_p(s),$$

$$\zeta_p(s) = \zeta_{F_p}(s) = \frac{1}{1-p^{-s}}$$

を持ち，解析接続によってすべての複素数 s に対して意味を与
えることができる (リーマン，1859 年)．

リーマン予想とは

「$\zeta_Z(s) = 0$ なる虚数 s（虚零点）はすべて $\mathrm{Re}(s) = \frac{1}{2}$ をみた

すだろう」

というもので，リーマンの素数公式から派生した．ちなみに，
実零点は $s = -2, -4, -6, \cdots$ のみであることがわかっている（オ
イラー，リーマン）．

この実零点はリーマン予想から見ると例外零点となるのであ
るが，それは関数等式が

$$\zeta_Z(1-s) = \zeta_Z(s) 2 (2\pi)^{-s} \Gamma(s) \cos\left(\frac{\pi s}{2}\right)$$

となるからであり，それを消すためには完備リーマンゼータ関
数

$$\hat{\xi}_{\mathbb{Z}}(s) = \zeta_{\mathbb{Z}}(s)\pi^{-\frac{s}{2}}\Gamma\left(\frac{s}{2}\right) = \prod_{p \leq \infty} \zeta_p(s),$$

$$\zeta_p(s) = \begin{cases} (1-p^{-s})^{-1} & \cdots\cdots p \text{ は素数} \\ \pi^{-\frac{s}{2}}\Gamma\left(\frac{s}{2}\right) & \cdots\cdots p = \infty \end{cases}$$

を構成すれば良い（リーマン）．こうすると，リーマン予想は

$$\hat{\xi}_{\mathbb{Z}}(s) = 0 \implies \mathrm{Re}(s) = \frac{1}{2}$$

となり（例外零点は無くなる），関数等式は完全対称な

$$\hat{\xi}_{\mathbb{Z}}(s) = \hat{\xi}_{\mathbb{Z}}(1-s)$$

となる．

　ヒルベルトは 1900 年の"ヒルベルト数学問題集"にてリーマン予想を取り上げて重要性を指摘した．ハーディは 1914 年に $\mathrm{Re}(s) = \frac{1}{2}$ をみたす虚零点が無限個存在することを示した．実は，1859 年にリーマンはハーディが示したことの証明を持っていた：1932 年にジーゲルがリーマンの計算メモからリーマンの研究成果を部分的に解読し再構成したのである．

　ヒルベルトとポリヤは 1914 年にリーマン予想の証明を固有値問題の観点から得る試みを提案した．

ヒルベルト・ポリヤ予想（方針）

完備リーマンゼータ関数を反エルミート作用素（anti hermition operator） D によって行列式表示

$$s(s-1)\hat{\xi}_{\mathbb{Z}}(s) = \det\left(\left(s-\frac{1}{2}\right) - D\right)$$

すること（虚零点の固有値解釈）からリーマン予想を証明しよう！

　何故，これでリーマン予想の証明が完了するかと言うと，反エルミート作用素の固有値は純虚数 $\alpha \in i\mathbb{R}$ なので（有限次元の

ときは「線形代数」の基本定理），零点 s は

$$s - \frac{1}{2} = \alpha$$

より

$$\mathrm{Re}(s) = \frac{1}{2}$$

となっているからである．

　ただし，D の候補は出してはいない．後で述べるように，合同ゼータ関数とセルバーグゼータ関数では，リーマン予想の証明がヒルベルト・ポリヤ予想の方針で実現されている．

2.4　ラマヌジャン予想（1916 年）

　ラマヌジャンは 1916 年に保型形式

$$\Delta = q \prod_{n=1}^{\infty} (1 - q^n)^{24} = \sum_{n=1}^{\infty} \tau(n) q^n \quad (|q| < 1)$$

に対してゼータ関数

$$L(s, \Delta) = \sum_{n=1}^{\infty} \tau(n) n^{-s}$$

を考えて，予想を二つ提出した．

(1)　$L(s, \Delta)$ はオイラー積に分解する：

$$L(s, \Delta) = \prod_{p:\text{素数}} L_p(s, \Delta),$$
$$L_p(s, \Delta) = (1 - \tau(p) p^{-s} + p^{11-2s})^{-1}.$$

(2)　$L_p(s, \Delta)$ の極 s はすべて $\mathrm{Re}(s) = \frac{11}{2}$ をみたす

　$(\Longleftrightarrow |\tau(p)| \leqq 2 p^{\frac{11}{2}})$．

　このうち，(1) は 1917 年にモーデルが $\tau(n)$ をモーデル作用素 $T(n)$ の固有値として解釈することによって証明した（$T(n)$ はヘッケが一般化した 1937 年からはヘッケ作用素と呼ばれている）．

次の（2）は解決までの苦難の歴史を経ることになり，グロタンディークの超人的な研究成果の上で，1974 年にドリーニュが合同ゼータ関数のリーマン予想の証明を完成すると同時にラマヌジャン予想を証明したのである．なお，$\mathrm{Re}(s)=\dfrac{11}{2}$ という直線は $L_p(s,\varDelta)$ の関数等式

$$L_p(11-s,\varDelta)=p^{11-2s}L_p(s,\varDelta)$$

の中心軸である．

2.5 合同ゼータ関数と固有値問題

有限体 $\mathbb{F}_q$（q は素数のべき）上の代数多様体 X（簡単のため「非特異射影的」としておく）に対して合同ゼータ関数は

$$\zeta_{X/\mathbb{F}_q}(s)=\exp\Big(\sum_{m=1}^{\infty}\frac{|X(\mathbb{F}_{q^m})|}{m}\,q^{-ms}\Big)$$

と定義される（ヴェイユ，1949 年）．ここで，$|X(\mathbb{F}_{q^m})|$ は $\mathbb{F}_q$ の m 拡大体 $\mathbb{F}_{q^m}$ に関する X の有理点の個数であり，有限である．

合同ゼータ関数は，X の次元が 1（つまり，X が代数曲線）のときはコルンブルム，アルティン，ハッセの研究の後，1940 年代にヴェイユによってリーマン予想の証明も完了していた．一般次元の場合の合同ゼータ関数が q^{-s} の有理関数となることはドヴォークが 1960 年の論文で証明した（p 進解析的手法）．より精密に，グロタンディークは行列式表示——つまり，固有値解釈——を証明した：

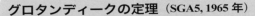

グロタンディークの定理 （SGA5, 1965 年）

$$\zeta_{X/\mathbb{F}_q}(s)=\prod_{m=0}^{2\dim(X)}\det(1-q^{-s}\mathrm{Frob}_q\,|\,H^m(\overline{X}))^{(-1)^{m+1}}.$$

ここで，$\overline{X}=X\otimes\overline{\mathbb{F}}_q$，$H^m(\overline{X})$ は $\overline{X}$ のエタールコホモロジー，Frob_q はフロベニウス作用素（q 乗作用素）である．

その上で，ドリーニュはリーマン予想を証明した．

ドリーニュの定理 （1974 年）

(1)　$\mathrm{Frob}_q\,|\,H^m(\overline{X})$ の固有値の絶対値は $q^{\frac{m}{2}}$ である．

(2)　$\zeta_{X/\mathbb{F}_q}(s)$ の零点 s は $\mathrm{Re}(s)=\dfrac{1}{2},\dfrac{3}{2},\cdots,\dfrac{2\dim(X)-1}{2}$ をみたし，極 s は $\mathrm{Re}(s)=0,1,\cdots,\dim(X)$ をみたす．

さらに，ドリーニュは

$$\begin{cases}\tau(p)=\alpha(p)+\overline{\alpha(p)},\\[4pt]\alpha(p)\text{ は }\mathrm{Frob}_p\,|\,H^{11}(\overline{X})\text{ の固有値}\end{cases}$$

という固有値解釈（X は久賀・佐藤多様体）からラマヌジャン予想を

$$\begin{aligned}|\tau(p)|&=|\alpha(p)+\overline{\alpha(p)}|\\&\le|\alpha(p)|+|\overline{\alpha(p)}|\\&=2p^{\frac{11}{2}}\end{aligned}$$

として証明した．

2.6 セルバーグゼータ関数

1950年代前半（1952年頃）にセルバーグはリーマン面のゼータ関数論を構築した．種数 $g \geqq 2$ のコンパクトリーマン面 M（g 人乗りの浮き袋）のセルバーグゼータ関数を

$$\zeta_M(s) = \prod_P (1 - N(P)^{-s})^{-1},$$

$$Z_M(s) = \prod_P \prod_{n=0}^{\infty} (1 - N(P)^{-s-n})$$

とおく：$\zeta_M(s) = Z_M(s+1)/Z_M(s)$ なので $Z_M(s)$ がわかればよい．ここで，P は素な閉測地線全体を動き，P の長さを $\ell(P)$ としたとき $N(P) = e^{\ell(P)}$ とする．

セルバーグの定理

（1）完備セルバーグゼータ関数

$$\hat{Z}_M(s) = Z_M(s)\Gamma_M(s)$$

は行列式表示

$$\hat{Z}_M(s) = \det(s(1-s) - \Delta_M)$$

をもち，関数等式

$$\hat{Z}_M(1-s) = \hat{Z}_M(s)$$

をみたす．ここで，$\Gamma_M(s)$ は2重ガンマ関数 $\Gamma_2(s) = \Gamma_2(s, (1,1))$ によって

$$\Gamma_M(s) = (\Gamma_2(s)\Gamma_2(s+1))^{2g-2}$$

であり，Δ_M は $L^2(M)$ に作用するラプラス作用素である．

（2）$Z_M(s)$ および $\hat{Z}_M(s)$ の虚零点 s はすべて $\mathrm{Re}(s) = \frac{1}{2}$ をみたす．

（証明のスケッチ）

（1）はセルバーグ跡公式（Selberg trace formula）による．それは，ポアソン和公式を非可換群の場合へと拡張したものである．

（2）は（1）から導かれる：

$$\hat{Z}_M(s) = 0 \underset{(1)}{\Longrightarrow} s(1-s) = \lambda,\ \lambda\ \text{は}\ \Delta_M\ \text{の固有値で正}$$

$$\Longrightarrow \mathrm{Re}(s) = \frac{1}{2}.$$

なお，M を上半平面

$$H = \{z = x + iy \mid x, y \in \mathbb{R}, y > 0\}$$

の商空間

$$M = \pi_1(M) \backslash H$$

と書いておくと

$$\Delta_M = -y^2 \left(\frac{\partial^2}{\partial x^2} + \frac{\partial^2}{\partial y^2} \right)$$

となる．また，

$$\Delta_M f = \lambda f$$

をみたす固有関数 $f(z)$ は波動形式（wave form）と呼ばれ，1940 年代にマース（Hans Maass）が研究していた．セルバーグの研究はマースの研究をきっかけとして生まれた（とくに，固有関数系の完全性を証明することが残っていた）ことを『セルバーグ全集』に付けられたコメントにおいてセルバーグ自身が語っている．

　セルバーグゼータ関数論は（階数 1 の）対称空間 G/K の商空間（局所対称空間）

$$M = \pi_1(M) \backslash G/K$$

となっている場合へと拡張できる：G は半単純リー群，K は極大コンパクト部分群．行列式表示・固有値解釈およびリーマン予想も成立する．そこで必要となる作用素はラプラス作用素 Δ_M である．さらに，ガンマ因子は $\Gamma_{\dim(M)}(s,(1,\cdots,1))$ の積として明示的に書くことができる（黒川，1991 年）．リーマン面のときは

$$G = SL(2, \mathbb{R}) \supset K = SO(2)$$

の場合であり（G/K は上半平面 H となっている），$\dim(M) = 2$ であって，ガンマ因子は $\Gamma_2(s, (1,1))$ の積

$(\Gamma_2(s, (1,1))\Gamma_2(s+1, (1,1)))^{2g-2}$ となっていた．

2.7 黒川テンソル積

黒川テンソル積は二つのゼータ関数 $Z_1(s)$ と $Z_2(s)$ から第三のゼータ関数 $(Z_1 \otimes Z_2)(s)$ を作る方法である（二つ以上なら繰り返せば同様である）．地球生物で言えば DNA の融合であり，進化の源となる．行列式表示で言えばクロネッカーテンソル和である：

黒川信重『リーマンの夢』現代数学社，2017 年

を参照されたい．

絶対ゼータ関数に対しては，絶対保型形式のテンソル積に対応する．簡単な例を計算してみよう．

練習問題3 $\mathbb{Z}[x]$ の2元

$$f(x) = \sum_k a(k)x^k, \ g(x) = \sum_\ell b(\ell)x^\ell$$

が絶対保型形式のとき絶対ゼータ関数は

$$\zeta_f(s) = \prod_k \zeta_{\mathbb{F}_1}(s-k)^{a(k)} = \prod_k (s-k)^{-a(k)},$$

$$\zeta_g(s) = \prod_\ell \zeta_{\mathbb{F}_1}(s-\ell)^{b(\ell)} = \prod_\ell (s-\ell)^{-b(\ell)}$$

である．絶対保型形式のテンソル積を

$$(f \otimes g)(x) = f(x)g(x)$$

とするとき $\zeta_f(s)$ と $\zeta_g(s)$ の黒川テンソル積 $\zeta_{f \otimes g}(s)$ を計算せよ．

解答

$$(f \otimes g)(x) = \sum_{k,\ell} a(k)b(\ell)x^{k+\ell}$$

であるから

$$\zeta_{f \otimes g}(s) = \prod_{k,\ell}(s-(k+\ell))^{-a(k)b(\ell)}.$$

(解答終)

練習問題 4 ［絶対リーマン面の積］

$\alpha = (\alpha(1), \cdots, \alpha(g))$, $\beta = (\beta(1), \cdots, \beta(g'))$ に対して絶対保型形式

$$f_\alpha(s) = x - 2x^{\frac{1}{2}}\sum_{k=1}^{g}\cos(\alpha(k)\log x) + 1,$$

$$f_\beta(s) = x - 2x^{\frac{1}{2}}\sum_{\ell=1}^{g'}\cos(\beta(\ell)\log x) + 1$$

と絶対ゼータ関数

$$\zeta_{f_\alpha}(s) = \frac{\displaystyle\prod_{k=1}^{g}\left(\left(s-\frac{1}{2}\right)^2 + \alpha(k)^2\right)}{s(s-1)}$$

$$\zeta_{f_\beta}(s) = \frac{\displaystyle\prod_{\ell=1}^{g'}\left(\left(s-\frac{1}{2}\right)^2 + \beta(\ell)^2\right)}{s(s-1)}$$

を考える．黒川テンソル積 $\zeta_{f_\alpha \otimes f_\beta}(s)$ を計算せよ．

解答

$$f_\alpha(x) = x - \sum_{k}(x^{\frac{1}{2}+i\alpha(k)} + x^{\frac{1}{2}-i\alpha(k)}) + 1,$$

$$f_\beta(x) = x - \sum_{\ell}(x^{\frac{1}{2}+i\beta(\ell)} + x^{\frac{1}{2}-i\beta(\ell)}) + 1$$

であるから

$$(f_\alpha \otimes f_\beta)(x) = f_\alpha(x)f_\beta(x)$$
$$= x^2 - 2x^{\frac{3}{2}} \sum_k \cos(\alpha(k)\log x)$$
$$- 2x^{\frac{3}{2}} \sum_\ell \cos(\beta(\ell)\log x)$$
$$+ 2x$$
$$+ 2x \sum_{k,\ell} \cos((\alpha(k)+\beta(\ell))\log x)$$
$$+ 2x \sum_{k,\ell} \cos((\alpha(k)-\beta(\ell))\log x)$$
$$- 2x^{\frac{1}{2}} \sum_k \cos(\alpha(k)\log x)$$
$$- 2x^{\frac{1}{2}} \sum_\ell \cos(\beta(\ell)\log x)$$
$$+ 1$$

より

$$\zeta_{f_\alpha \otimes f_\beta}(s) =$$

$$\frac{\prod_k((s-\frac{1}{2})^2+\alpha(k)^2)\prod_\ell((s-\frac{1}{2})^2+\beta(\ell)^2)\prod_k((s-\frac{3}{2})^2+\alpha(k)^2)\prod_\ell((s-\frac{3}{2})^2+\beta(\ell)^2)}{s(s-1)^2\prod_{k,\ell}\{((s-1)^2+(\alpha(k)+\beta(\ell))^2)((s-1)^2+(\alpha(k)-\beta(\ell))^2)\}(s-2)}$$

となる.　　　　　　　　　　　　　　　　　　　　　　　　**（解答終）**

例1　空集合 ϕ に対して

$$\zeta_{f_\phi}(s) = \frac{1}{s(s-1)}, \ \ \zeta_{f_\phi \otimes f_\phi}(s) = \frac{1}{s(s-1)^2(s-2)}.$$

例2

$$\zeta_{f_{(0)}}(s) = \frac{\left(s-\frac{1}{2}\right)^2}{s(s-1)},$$

$$\zeta_{f_{(0)} \otimes f_{(0)}} = \frac{\left(s-\frac{1}{2}\right)^4\left(s-\frac{3}{2}\right)^4}{s(s-1)^6(s-2)}.$$

　　黒川テンソル積の計算はゼータ関数の進化を体験できるので，三つ以上のゼータ関数に対する計算もどんどん行ってほしい.

第3章
リーマンゼータの誕生

　ゼータ関数と言えばリーマンゼータ関数ははずせない．オイラーとリーマンによって構築されたという研究史は興味深い．ゼータ進化論からするとリーマンゼータ関数をどのように捉えれば良いのかが問題となる．本章では最も基本となるゼータ共生という視点から見直してみよう．

3.1　研究史

　何事であれ研究史は知っておくべきであるので，リーマンゼータの研究史を振り返っておこう．

　リーマンゼータ関数

$$\zeta_Z(s) = \sum_{n=1}^{\infty} n^{-s}$$

の研究は 18 世紀のオイラー（1707 年 4 月 15 日〜1783 年 9 月 18 日）が開始し，19 世紀のリーマン（1826 年 9 月 17 日〜1866 年 7 月 20 日）が精密化した．オイラーのリーマンゼータに関する主要な発見を挙げておこう：

(1) オイラー定数 γ とその表示　　　（1734 年，26 歳）

(2) 特殊値表示　　　　　　　　　　　（1735 年，28 歳）

(3) オイラー積　　　　　　　　　　　（1737 年，30 歳）

(4) 関数等式　　　　　　　　　　　　（1739 年，32 歳）

(5) 積分表示　　　　　　　　　　　　(1768 年，61 歳)

(6) $\zeta_Z(3)$ の表示　　　　　　　　　　(1772 年，65 歳)

(7) 素数分布　　　　　　　　　　　　(1775 年，68 歳).

まず，(1) ではオイラー定数 γ を

$$\gamma = \lim_{n \to \infty}\left(1 + \frac{1}{2} + \cdots + \frac{1}{n} - \log n\right) = 0.577\cdots$$

として導入して，表示

$$\gamma = \sum_{n=2}^{\infty} \frac{(-1)^n}{n} \zeta_Z(n)$$

を得た (1734 年 3 月 11 日付の論文 [E 43]). 論文に関する詳しい情報については

　　黒川信重『オイラーのゼータ関数論』現代数学社，2018 年

　　黒川信重『オイラーとリーマンのゼータ関数』日本評論社，2018 年

を参照されたい. なお，オイラー定数は「極限公式」(limit formula) として解釈することもオイラーの研究から難しくない：

$$\gamma = \lim_{s \to 1}\left(\zeta_Z(s) - \frac{1}{s-1}\right).$$

(2) では

$$\zeta_Z(2n) = (-1)^{n-1}\frac{B_{2n}(2\pi)^{2n}}{2(2n)!} \quad (n = 1, 2, 3, \cdots)$$

証明した (1735 年 12 月 5 日付の論文 [E 41]). ここで，B_k は

$$\frac{x}{e^x - 1} = \sum_{k=0}^{\infty} \frac{B_k}{k!} x^k$$

というテイラー展開 ($|x| < 2\pi$) によって定まるベルヌイ数である. たとえば，

$$B_2 = \frac{1}{6}, \; B_4 = -\frac{1}{30}, \; B_6 = \frac{1}{42}, \; B_8 = -\frac{1}{30}$$

から

$$\zeta_Z(2) = \frac{\pi^2}{6}, \; \zeta_Z(4) = \frac{\pi^4}{90},$$

$$\zeta_Z(6) = \frac{\pi^6}{945}, \; \zeta_Z(8) = \frac{\pi^8}{9450}$$

と求まる.

(3) オイラー積とは

$$\zeta_Z(s) = \prod_{p:素数} (1-p^{-s})^{-1}$$

という表示である（1737 年 4 月 25 日付の論文 [E 72]）. これ
と, $\zeta_Z(1) = \infty$ ── その事実は 1350 年頃にオレームが発見した
── とから「素数の逆数和は無限大」を導いた：

$$\sum_{p:素数} \frac{1}{p} = \infty.$$

(4) オイラーの発見した関数等式は

$$\zeta_Z(1-s) = \zeta_Z(s) 2(2\pi)^{-s} \Gamma(s) \cos\left(\frac{\pi s}{2}\right)$$

である（1739 年 10 月 22 日付の論文 [E 130]）. ここで, $\Gamma(s)$
はガンマ関数であり, オイラーが 1729 年に発見したものであ
る. この関数等式は, たとえば, $s=2$ のときは

$$\zeta_Z(-1) = \zeta_Z(2) 2(2\pi)^{-2} \Gamma(2) \cos(\pi)$$

を述べているが, $\zeta_Z(2) = \frac{\pi^2}{6}$, $\Gamma(2) = 1$, $\cos(\pi) = -1$ であるか
ら

$$\zeta_Z(-1) = -\frac{1}{12}$$

を言っていることになる. オイラーは

$$\zeta_Z(-1) = \sum_{n=1}^{\infty} n = 1+2+3+\cdots$$

という発散級数の"真の値"として $-\dfrac{1}{12}$ を得ることによって，関数等式の発見に至ったのである．

(5) オイラーは積分表示

$$\zeta_Z(s) = \frac{1}{\Gamma(s)} \int_0^1 \frac{(\log\frac{1}{x})^{s-1}}{1-x} dx$$

を発見した (1768 年 8 月 18 日付の論文 [E 393])．これは，$x = e^{-t}$ と置き換えると

$$\zeta_Z(s) = \frac{1}{\Gamma(s)} \int_0^\infty \frac{t^{s-1}}{e^t-1} dt$$

となり，$\zeta_Z(s)$ を複素数 s 全体へと解析接続する際にリーマンが活用することになる (1859 年)．

(6) オイラーは $\zeta_Z(3)$ の表示に何度も挑戦し，苦闘の末に

$$\zeta_Z(3) = \frac{2\pi^2}{7}\log 2 + \frac{16}{7}\int_0^{\frac{\pi}{2}} x\log(\sin x)dx$$

という表示を得た (1772 年 5 月 18 日の論文 [E 432])．それは，関数等式からの関係式

$$\zeta_Z(3) = -4\pi^2 \zeta_Z'(-2)$$

に発散級数

$$\zeta_Z'(-2) = -\sum_{n=1}^\infty n^2 \log n$$

を変形して行くという長い計算の結果であった．

(7) オイラーは

$$\sum_{p\equiv 1 \bmod 4} \frac{1}{p} = \infty,$$

$$\sum_{p\equiv 3 \bmod 4} \frac{1}{p} = \infty$$

という素数分布の結果を証明した (1775 年 10 月 2 日付の論文 [E 596])．これは，「素数の逆数和は無限大」という (3) の項目

— 40 —

で得た結果の精密化である.

　このようなオイラーの研究の上でリーマンは 1859 年に,$\zeta_Z(s)$ に関する研究を発表した.リーマンは,はじめて,$\zeta_Z(s)$ をすべての複素数 s へ有理型関数として解析接続することによって,オイラーの関数等式

$$\zeta_Z(1-s) = \zeta_Z(s)2(2\pi)^{-s}\Gamma(s)\cos\left(\frac{\pi s}{2}\right)$$

を明確に証明するとともに,完備リーマンゼータ関数 $\hat{\zeta}_Z(s)$ の完全対称な関数等式

$$\hat{\zeta}_Z(1-s) = \hat{\zeta}_Z(s)$$

とオイラーの関数等式とが同値であることを見抜いたのである.ただし,

$$\hat{\zeta}_Z(s) = \prod_{p \leq \infty} \zeta_p(s),$$

$$\zeta_p(s) = \begin{cases} (1-p^{-s})^{-1} \cdots\cdots p \text{ は素数}, \\ \pi^{-\frac{s}{2}}\Gamma\left(\frac{s}{2}\right) \cdots\cdots p = \infty. \end{cases}$$

　その際に,テータ関数

$$\vartheta(z) = \sum_{m=-\infty}^{\infty} e^{\pi i m^2 z} \quad (\mathrm{Im}(z) > 0)$$

を用いた積分表示

$$\hat{\zeta}_Z(s) = \int_0^\infty \frac{\vartheta(ix)-1}{2} x^{\frac{s}{2}} \frac{dx}{x}$$

$$= \int_1^\infty \frac{\vartheta(ix)-1}{2} (x^{\frac{s}{2}} + x^{\frac{1-s}{2}}) \frac{dx}{x} + \frac{1}{s(s-1)}$$

に至っている.最後の表示から $\hat{\zeta}_Z(s) = \hat{\zeta}_Z(1-s)$ は明らかである.

　リーマンは「素数公式」も得た.それは,$\hat{\zeta}_Z(s)$ の零点 ρ 全体に注目することの重要性を示したものである:

リーマンの素数公式

$x > 1$ に対して，x 以下の素数の個数 $\pi(x)$ は

$$\pi(x) = \sum_{m=1}^{\infty} \frac{\mu(m)}{m} \left(Li(x^{\frac{1}{m}}) - \sum_{\rho} Li(x^{\frac{\rho}{m}}) \right.$$
$$\left. + \int_{x^{\frac{1}{m}}}^{\infty} \frac{du}{(u^2-1)u \log u} - \log 2 \right)$$

によって与えられる．ここで，ρ は $\hat{\zeta}_Z(s)$ の零点全体（つまり，$\zeta_Z(s)$ の虚の零点全体）を動く．

　念のため，一般的な数学記号を説明しておくと，$\mu(m)$ はメビウス関数（値は $1, 0, -1$），$Li(x)$ は対数積分

$$Li(x) = \int_0^x \frac{du}{\log u} = \lim_{\varepsilon \downarrow 0} \left(\int_0^{1-\varepsilon} \frac{du}{\log u} + \int_{1+\varepsilon}^x \frac{du}{\log u} \right)$$

である．
　このリーマンの素数公式によって

$$\{素数全体\} \longleftrightarrow \{\hat{\zeta}_Z(s) の零点全体\}$$

という対応が明確になった．ちなみに，

$$\{\zeta_Z(s) の零点全体\}$$
$$= \{\zeta_Z(s) の虚の零点全体\} \cup \{\zeta_Z(s) の実の零点全体\}$$
$$= \{\hat{\zeta}_Z(s) の零点全体\} \cup \{s = -2, -4, -6, \cdots\}$$

となっている．リーマンは素数公式の研究を進め，リーマン予想に至る：

リーマン予想

$\hat{\zeta}_Z(s)$ の零点はすべて直線 $\mathrm{Re}(s) = \frac{1}{2}$ 上に乗っている．

　なお，

$$\text{リーマン予想} \iff \pi(x) = Li(x) + O(x^{\frac{1}{2}}\log x)$$

という言い換えが知られている（コッホ，1901 年）.

リーマンの研究は深くまで達していたことが，ゲッティンゲン大学に保存されていたリーマンの遺稿を調査したジーゲルの研究（1932 年発表）によって認識されることになったのであるが，たとえば，それは次の三つのこと (1)(2)(3) を含んでいた.

(1) $\hat{\xi}_Z(s)$ の零点 ρ を虚部が正で小さい方から $\rho_1, \rho_2, \rho_3, \cdots$ と名付けたとき

$$\rho_1 = \frac{1}{2} + i \cdot 14.1386,$$

$$\rho_3 = \frac{1}{2} + i \cdot 25.31$$

と近似値の手計算をしていた．ちなみに，コンピューターを用いて現在知られている値は

$$\rho_1 = \frac{1}{2} + i \cdot 14.1347251417346937\cdots,$$

$$\rho_3 = \frac{1}{2} + i \cdot 25.0185758014568876\cdots$$

である．コンピューターを用いた計算も，その方法はリーマンの発見した方法（ジーゲルが 1932 年に解読したもので「リーマン・ジーゲル公式」と呼ばれている）そのものである.

$$(2) \quad \sum_{\rho} \frac{1}{\rho} = \sum_{n=1}^{\infty}\left(\frac{1}{\rho_n} + \frac{1}{1-\rho_n}\right)$$

$$= \sum_{n=1}^{\infty} \frac{1}{\rho_n(1-\rho_n)}$$

$$= 1 + \frac{\gamma}{2} - \frac{\log \pi}{2} - \log 2$$

$$= 0.0230957089661210338\cdots$$

と求めていた（もちろん，手計算）．なお，γ はオイラー定数である．さらに，リーマンは極限公式

$$\lim_{s \to 1}\left(\frac{\hat{\zeta}'_{\mathbb{Z}}(s)}{\hat{\zeta}_{\mathbb{Z}}(s)}+\frac{1}{s-1}\right)=\sum_{n=1}^{\infty}\frac{1}{\rho_n(1-\rho_n)}-1$$

$$=\frac{\gamma}{2}-\frac{\log \pi}{2}-\log 2$$

も得ていた.

　実際，リーマンの研究から

$$\hat{\zeta}_{\mathbb{Z}}(s)=\frac{\prod_{\rho}\left(1-\frac{s}{\rho}\right)}{s(s-1)}$$

という表示がわかる．ここで，分子は ρ と $1-\rho$ を組み合わせた
式と考える（他のところでも同様である）：

$$\prod_{\rho}\left(1-\frac{s}{\rho}\right)=\prod_{\mathrm{Im}\,(\rho)>0}\left\{\left(1-\frac{s}{\rho}\right)\left(1-\frac{s}{1-\rho}\right)\right\}$$

$$=\prod_{\mathrm{Im}\,(\rho)>0}\left(1-\frac{s(1-s)}{\rho(1-\rho)}\right)$$

$$=\prod_{n=1}^{\infty}\left(1-\frac{s(1-s)}{\rho_n(1-\rho_n)}\right).$$

そこで，対数微分の形にすると

$$-\frac{\hat{\zeta}'_{\mathbb{Z}}(s)}{\hat{\zeta}_{\mathbb{Z}}(s)}=\frac{1}{s}-\sum_{\rho}\frac{1}{s-\rho}+\frac{1}{s-1}$$

となり，右辺には，第 1 項は H^0，第 2 項が H^1，第 3 項が H^2
というコホモロジー構造が現れてくる．とくに，$\mathrm{Re}(s)>1$ より
$s \to 1$ とすることにより

$$\sum_{\rho}\frac{1}{\rho}=\sum_{\rho}\frac{1}{1-\rho}$$

$$=\frac{\gamma}{2}+1-\log 2-\frac{1}{2}\log \pi$$

$$=0.023\cdots$$

というリーマンの計算が再現できる．詳しくは次章.

3.2 環のゼータ

環のゼータを明確にしたのは 1939 年頃のハッセである．ハッセ（1898 年 8 月 25 日〜1979 年 12 月 26 日）は $\mathbb{Z}$ 上有限生成の可換環 A のゼータ（ハッセゼータ関数）を

$$\zeta_A(s) = \prod_{M \in \mathrm{Specm}(A)} (1 - N(M)^{-s})^{-1}$$

と定めた．ここで，$\mathrm{Specm}(A)$ は A の極大イデアル全体を指し，$N(M) = |A/M|$ は有限体 A/M の元の個数である．これは，$\mathrm{Re}(s) > \dim(A)$ において絶対収束する．簡明な性質もある．たとえば，環の積 $A \times B$ のゼータは環のゼータの積となる：

$$\zeta_{A \times B}(s) = \zeta_A(s)\zeta_B(s).$$

簡単な環のゼータを挙げておこう．

(1) $\zeta_{\mathbb{Z}}(s)$ はリーマンゼータである．

このことは，

$$\mathrm{Specm}(\mathbb{Z}) = \{(p) \mid p \text{ は素数}\}$$

となることと $N((p)) = |\mathbb{Z}/(p)| = p$ から

$$\zeta_{\mathbb{Z}}(s) = \prod_{p : \text{素数}} (1 - p^{-s})^{-1}$$

となってわかる．

(2) 有限体 $\mathbb{F}_q$（q は素数のべき）のゼータは

$$\zeta_{\mathbb{F}_q}(s) = \frac{1}{1 - q^{-s}}$$

である．実際，

$$\mathrm{Specm}(\mathbb{F}_q) = \{(0)\}$$

であり，$N((0)) = |\mathbb{F}_q/(0)| = q$ となる．

(3) 多項式環 $\mathbb{Z}[T_1, \cdots, T_n]$, $\mathbb{F}_q[T_1, \cdots, T_n]$ のゼータは

$$\zeta_{\mathbb{Z}[T_1,\cdots,T_n]}(s) = \zeta_{\mathbb{Z}}(s-n),$$
$$\zeta_{\mathbb{F}_q[T_1,\cdots,T_n]}(s) = \zeta_{\mathbb{F}_q}(s-n)$$

である（ヒルベルト零点定理の精密版よりわかる）.

ハッセは

ハッセ予想

$\zeta_A(s)$ はすべての複素数 s へと有理型関数として解析接続できる.

を 1939 年頃に指導していたスイス生まれのピエール・アンベール（Pierre Humbert, 1913 年 3 月 13 日 〜 1941 年 10 月 14 日）にゲッティンゲン大学の学位論文のテーマとして提示した（A が $\mathbb{Z}$ 上の楕円関数環の場合）のであるが，解けなかった．それは無理もない話である．そのテーマは後に谷山豊の谷山予想（1955 年）や今からちょうど 50 年前のラングランズ予想（1970 年）と結び付いて，A が $\mathbb{Z}$ 上の楕円関数環という学位論文の場合が解決したのは，1995 年出版のワイルズ（＋テイラー）のフェルマー予想証明論文と 2001 年出版のテイラーたち 4 人組の論文であって，ハッセが提示してから 60 年も経っていた．なお，ワイルズの論文ではフェルマー予想の証明に必要となる条件付の楕円関数環の場合を扱ったのであり，テイラーたち 4 人組は一般の楕円関数環へと拡張したのである．$\mathbb{Z}$ 上の有限生成可換環 A に対して $\zeta_A(s)$ を解析接続せよ，というハッセ予想は人類の手で出来る問題なのかどうか——人類の進化後はいざ知らず——も考えねばならない極めて難しい問題との定評がある.

┃3.3　リーマンゼータ

リーマンゼータ

$$\zeta_{\mathbb{Z}}(s) = \prod_{p:\text{素数}} (1-p^{-s})^{-1}$$

は環のゼータから見ると

$$\zeta_{\mathbb{Z}}(s) = \prod_{p:\text{素数}} \zeta_{\mathbb{F}_p}(s)$$

と書くことができることがわかったわけである．これは，図示するとゼータ共生となる．

次に，完備リーマンゼータ $\hat{\zeta}_{\mathbb{Z}}(s)$ を考えてみよう．このときは

$$\hat{\zeta}_{\mathbb{Z}}(s) = \prod_{p:\text{素数}} \zeta_{\mathbb{F}_p}(s) \times \Gamma_{\mathbb{R}}(s),$$

$$\Gamma_{\mathbb{R}}(s) = \pi^{-\frac{s}{2}} \Gamma\left(\frac{s}{2}\right)$$

が標準的な記号であり，$\Gamma_{\mathbb{R}}(s)$ はガンマ因子と呼ばれていて，次の図となる．

これを "ゼータ共生" と見るには "ガンマ因子" に違和感を感じるはずであるが，以下では $\Gamma_{\mathbb{R}}(s)$ を絶対化した $\zeta_{\mathbb{R}}(s)$ を導入しよう．違和感が薄れることを期待する．

3.4 実数体のゼータ

実数体 $\mathbb{R}$ のゼータ $\zeta_{\mathbb{R}}(s)$ を説明しよう．絶対ゼータの観点（3.6節の「絶対化」参照）からすると，絶対保型形式

$$f_{\mathbb{R}}(x) = \frac{1}{1-x^{-2}}$$

のゼータを $\zeta_{\mathbb{R}}(s)$ と見ると良い：

練習問題 1　次を証明せよ.

(1)　$\zeta_{\mathbb{R}}(s) = \dfrac{\Gamma(\frac{s}{2})}{\sqrt{2\pi}} 2^{\frac{s-1}{2}}$.

(2)　$\Gamma_{\mathbb{R}}(s) = \zeta_{\mathbb{R}}(s)(2\pi)^{-\frac{s}{2}} \cdot 2\sqrt{\pi}$.

解 答

(1)　　　　$\zeta_{\mathbb{R}}(s) = \zeta_{f_{\mathbb{R}}}(s)$

$$= \exp\left(\frac{\partial}{\partial w} Z_{f_{\mathbb{R}}}(w,s)\bigg|_{w=0}\right),$$

$$Z_{f_{\mathbb{R}}}(w,s) = \frac{1}{\Gamma(w)}\int_1^\infty f_{\mathbb{R}}(x)x^{-s-1}(\log x)^{w-1}dx$$

を計算すれば良い（黒川『絶対ゼータ関数論』岩波書店を参照されたい）. ここで, $x>1$ に対して

$$f_{\mathbb{R}}(x) = \sum_{n=0}^\infty x^{-2n}$$

であるから

$$Z_{f_{\mathbb{R}}}(w,s) = \sum_{n=0}^\infty (s+2n)^{-w}$$

となる. フルビッツゼータ

$$\zeta(w,s) = \sum_{n=0}^\infty (s+n)^{-w}$$

を用いると

$$Z_{f_{\mathbb{R}}}(w,s) = 2^{-w}\zeta\left(w,\frac{s}{2}\right)$$

となるので,

$$\frac{\partial}{\partial w} Z_{f_{\mathbb{R}}}(w,s)\bigg|_{w=0} = -(\log 2)\zeta\left(0,\frac{s}{2}\right) + \frac{\partial}{\partial w}\zeta\left(w,\frac{s}{2}\right)\bigg|_{w=0}$$

$$= -(\log 2)\left(\frac{1}{2} - \frac{s}{2}\right) + \log\frac{\Gamma(\frac{s}{2})}{\sqrt{2\pi}}$$

より（レルヒの公式を使っている）,

$$\zeta_{\mathbb{R}}(s) = \frac{\Gamma(\frac{s}{2})}{\sqrt{2\pi}} 2^{\frac{s-1}{2}}$$

となる.

(2) $\Gamma_{\mathbb{R}}(s) = \pi^{-\frac{s}{2}} \Gamma\left(\frac{s}{2}\right)$

において (1) からの

$$\Gamma\left(\frac{s}{2}\right) = \zeta_{\mathbb{R}}(s) 2^{-\frac{s}{2}+1} \pi^{\frac{1}{2}}$$

を用いて

$$\Gamma_{\mathbb{R}}(s) = \zeta_{\mathbb{R}}(s)(2\pi)^{-\frac{s}{2}} 2\sqrt{\pi}$$

となる. **(解答終)**

3.5 複素数体のゼータ

ガンマ因子としては

$$\Gamma_{\mathbb{C}}(s) = 2(2\pi)^{-s} \Gamma(s)$$

も良く使われる. 代数体 (有理数体 $\mathbb{Q}$ の有限次拡大体) K の整数環 $\mathcal{O}_K$ に対してハッセゼータ

$$\zeta_{\mathcal{O}_K}(s) = \prod_{M \in \mathrm{Specm}(\mathcal{O}_K)} (1 - N(M)^{-s})^{-1}$$

はデデキントゼータと呼ばれるが, その完備ゼータ関数 $\hat{\zeta}_{\mathcal{O}_K}(s)$ は

$$\hat{\zeta}_{\mathcal{O}_K}(s) = \zeta_{\mathcal{O}_K}(s) \Gamma_{\mathbb{R}}(s)^{r_1} \Gamma_{\mathbb{C}}(s)^{r_2}$$

と定められ, 関数等式は

$$\hat{\zeta}_{\mathcal{O}_K}(1-s) = \hat{\zeta}_{\mathcal{O}_K}(s) D(K)^{s-\frac{1}{2}}$$

となる. ただし, r_1 と r_2 は $K \underset{\mathbb{Q}}{\otimes} \mathbb{R} = \mathbb{R}^{r_1} \times \mathbb{C}^{r_2}$ によって決まり, $D(K)$ は判別式の絶対値である. ガンマ関数の 2 倍角の公式から

$$\Gamma_{\mathbb{C}}(s) = \Gamma_{\mathbb{R}}(s) \Gamma_{\mathbb{R}}(s+1)$$

という簡明な関係が成立していて

$$\hat{\xi}_{\mathcal{O}_K}(s) = \zeta_{\mathcal{O}_K}(s)\Gamma_{\mathbb{R}}(s)^{r_1+r_2}\Gamma_{\mathbb{R}}(s+1)^{r_2}$$

とも書くことができる.

練習問題 2　絶対保型形式

$$f_{\mathbb{C}}(x) = \frac{1}{1-x^{-1}}$$

に対応する絶対ゼータ関数を複素数体 $\mathbb{C}$ のゼータ $\zeta_{\mathbb{C}}(s)$ と定める. 次を示せ.

(1) $\zeta_{\mathbb{C}}(s) = \dfrac{\Gamma(s)}{\sqrt{2\pi}}$.

(2) $\zeta_{\mathbb{C}}(s) = \zeta_{\mathbb{R}}(s)\zeta_{\mathbb{R}}(s+1)$.

(3) $\Gamma_{\mathbb{C}}(s) = \zeta_{\mathbb{C}}(s)(2\pi)^{-s}\cdot 2\sqrt{2\pi}$.

(4) 代数体 K に対して

$$\tilde{\xi}_{\mathcal{O}_K}(s) = \zeta_{\mathcal{O}_K}(s)\zeta_{\mathbb{R}}(s)^{r_1}\zeta_{\mathbb{C}}(s)^{r_2}$$

と定めると関数等式

$$\tilde{\xi}_{\mathcal{O}_K}(1-s) = \tilde{\xi}_{\mathcal{O}_K}(s)\left(\frac{D(K)}{(2\pi)^{[K:\mathbb{Q}]}}\right)^{s-\frac{1}{2}}$$

が成立する. ただし, $[K:\mathbb{Q}] = r_1 + 2r_2$ は拡大次数である.

解答

(1) $\zeta_{\mathbb{C}}(s) = \zeta_{f_{\mathbb{C}}}(s) = \exp\left(\dfrac{\partial}{\partial w} Z_{f_{\mathbb{C}}}(w,s)\Big|_{w=0}\right)$

を計算する. まず,

$$Z_{f_{\mathbb{C}}}(w,s) = \frac{1}{\Gamma(w)}\int_1^\infty f_{\mathbb{C}}(x)x^{-s-1}(\log x)^{w-1}dx$$

において

$$f_{\mathbb{C}}(x) = \sum_{n=0}^\infty x^{-n} \quad (x>1)$$

を用いると

$$Z_{f_{\mathbb{C}}}(s) = \sum_{n=0}^{\infty}(s+n)^{-w} = \zeta(w,s)$$

となる．したがって，

$$\left.\frac{\partial}{\partial w}Z_{f_{\mathbb{C}}}(w,s)\right|_{w=0} = \left.\frac{\partial}{\partial w}\zeta(w,s)\right|_{w=0} = \log\left(\frac{\Gamma(s)}{\sqrt{2\pi}}\right)$$

より

$$\zeta_{\mathbb{C}}(s) = \frac{\Gamma(s)}{\sqrt{2\pi}}.$$

(2) $f_{\mathbb{C}}(x) = \dfrac{1+x^{-1}}{1-x^{-2}} = f_{\mathbb{R}}(x) + x^{-1}f_{\mathbb{R}}(x)$

であるから

$$Z_{f_{\mathbb{C}}}(w,s) = Z_{f_{\mathbb{R}}}(w,s) + Z_{f_{\mathbb{R}}}(w,s+1).$$

したがって，

$$\zeta_{\mathbb{C}}(s) = \zeta_{\mathbb{R}}(s)\zeta_{\mathbb{R}}(s+1).$$

(3) $\Gamma_{\mathbb{C}}(s) = 2(2\pi)^{-s}\Gamma(s)$

において

$$\Gamma(s) = \sqrt{2\pi}\,\zeta_{\mathbb{C}}(s)$$

を用いると

$$\Gamma_{\mathbb{C}}(s) = \zeta_{\mathbb{C}}(s)(2\pi)^{-s}2\sqrt{2\pi}\,.$$

(4) $\tilde{\zeta}_{\mathcal{O}_K}(s) = \zeta_{\mathcal{O}_K}(s)\zeta_{\mathbb{R}}(s)^{r_1}\zeta_{\mathbb{C}}(s)^{r_2}$

において

$$\zeta_{\mathbb{R}}(s) = \Gamma_{\mathbb{R}}(s)(2\pi)^{\frac{s}{2}}\cdot(2\sqrt{\pi})^{-1},$$
$$\zeta_{\mathbb{C}}(s) = \Gamma_{\mathbb{C}}(s)(2\pi)^{s}\cdot(2\sqrt{2\pi})^{-1}$$

であるから

$$\tilde{\zeta}_{\mathcal{O}_K}(s) = \zeta_{\mathcal{O}_K}(s)\Gamma_{\mathbb{R}}(s)^{r_1}\Gamma_{\mathbb{C}}(s)^{r_2}(2\pi)^{\frac{ns}{2}}\cdot C(K)$$
$$= \hat{\zeta}_{\mathcal{O}_K}(s)(2\pi)^{\frac{ns}{2}}\cdot C(K)$$

となる．ただし，

$$n = [K : \mathbb{Q}] = r_1 + 2r_2,$$

$$C(K) = (2\sqrt{\pi})^{-r_1} (2\sqrt{2\pi})^{-r_2}$$

とおいた．したがって

$$\tilde{\zeta}_{O_K}(1-s) = \hat{\zeta}_{O_K}(1-s)(2\pi)^{\frac{n(1-s)}{2}} C(K)$$

$$= \hat{\zeta}_{O_K}(s) D(K)^{s-\frac{1}{2}} (2\pi)^{\frac{n(1-s)}{2}} C(K)$$

$$= \tilde{\zeta}_{O_K}(s)(2\pi)^{-\frac{ns}{2}} D(K)^{s-\frac{1}{2}} (2\pi)^{\frac{n(1-s)}{2}}$$

$$= \tilde{\zeta}_{O_K}(s) \left(\frac{D(K)}{(2\pi)^n} \right)^{s-\frac{1}{2}}. \qquad \text{(解答終)}$$

3.6　絶対化

一般に，有理型関数 $Z(s)$ が与えられたとき，その絶対化 $Z^{Abs}(s)$ を

$$Z^{Abs}(s) = \exp\left(\frac{\partial}{\partial w} \Phi(w, s) \Big|_{w=0} \right)$$

と定める．ここで，

$$\Phi(w, s) = \sum_{\alpha} m(\alpha)(s-\alpha)^{-w}$$

であり，α は $Z(s)$ の零点および極を動き，$m(\alpha)$ は α における位数である（零点は $m(\alpha) < 0$，極は $m(\alpha) > 0$ と符号付ける）．これは，基本的には

$$f(x) = \sum_{\alpha} m(\alpha) x^{\alpha}$$

に対応するゼータ $\zeta_f(s)$ である．

練習問題 3　次を示せ．

(1) $\Gamma_{\mathbb{R}}^{Abs}(s) = \zeta_{\mathbb{R}}(s)$.

(2) $\Gamma_{\mathbb{C}}^{Abs}(s) = \zeta_{\mathbb{C}}(s)$.

解 答

(1) $\Gamma_{\mathrm{R}}(s)$ には零点はなく，極は $s=0,-2,-4,\cdots$ における位数 1 の極のみであるから

$$\Phi(w,s)=\sum_{n=0}^{\infty}(s+2n)^{-w}$$

となる．したがって，練習問題 1 の計算から

$$\Gamma_{\mathrm{R}}^{Abs}(s)=\exp\Bigl(\frac{\partial}{\partial w}\,\Phi(w,s)\Big|_{w=0}\Bigr)=\zeta_{\mathrm{R}}(s).$$

(2) $\Gamma_{\mathrm{C}}(s)$ には零点はなく，極は $s=0,-1,-2,\cdots$ における 1 位の極のみであるから

$$\Phi(w,s)=\sum_{n=0}^{\infty}(s+n)^{-w}$$

となる．したがって，練習問題 2 の計算から

$$\Gamma_{\mathrm{C}}^{Abs}(s)=\exp\Bigl(\frac{\partial}{\partial w}\,\Phi(w,s)\Big|_{w=0}\Bigr)=\zeta_{\mathrm{C}}(s).$$

（解答終）

3.7 ゼータ共生

　これまで見てきた範囲でも，いろいろなゼータが共生（地球生物の細胞内共生に似ている）して関数等式を構成していることがわかる．

　リーマンゼータ $\zeta_{\mathrm{Z}}(s)$ は

$$\begin{aligned}
\tilde{\xi}_{\mathrm{Z}}(s) &= \prod_{p:\text{素数}} \zeta_{\mathrm{F}p}(s)\cdot\zeta_{\mathrm{R}}(s),\\
\zeta_{\mathrm{F}p}(s) &= (1-p^{-s})^{-1},\\
\zeta_{\mathrm{R}}(s) &= \frac{\Gamma\bigl(\frac{s}{2}\bigr)}{\sqrt{2\pi}}\,2^{\frac{s-1}{2}}
\end{aligned}$$

という共生体 $\tilde{\xi}_{\mathrm{Z}}(s)$ が

$$\tilde{\xi}_{\mathrm{Z}}(1-s)=\tilde{\xi}_{\mathrm{Z}}(s)(2\pi)^{-s+\frac{1}{2}}$$

という関数等式を成立させている．また，

$$\tilde{\xi}^*_{\mathbb{Z}}(s) = \prod_{p:\text{素数}} \zeta_{\mathbb{F}p}(s) \cdot \zeta_{\mathbb{R}}(s) \cdot (2\pi)^{-\frac{s}{2}}$$

とすると

$$\tilde{\xi}^*_{\mathbb{Z}}(1-s) = \tilde{\xi}^*_{\mathbb{Z}}(s)$$

である．このように，$\Gamma_{\mathbb{R}}(s)$ と $\zeta_{\mathbb{R}}(s)$ は置き換え可能とわかる．

代数体 K に対しては

$$\tilde{\xi}^*_{\mathcal{O}_K}(s) = \prod_{M\in\text{Specm}(\mathcal{O}_K)} \zeta_{\mathcal{O}_K/M}(s) \cdot \zeta_{\mathbb{R}}(s)^{r_1} \cdot \zeta_{\mathbb{C}}(s)^{r_2} \cdot \left(\frac{D(K)}{(2\pi)^{[K:\mathbb{Q}]}}\right)^{\frac{s}{2}}$$

とすると

$$\tilde{\xi}^*_{\mathcal{O}_K}(1-s) = \tilde{\xi}^*_{\mathcal{O}_K}(s)$$

である．ちなみに，

$$\hat{\xi}^*_{\mathcal{O}_K}(s) = \prod_{M\in\text{Specm}(\mathcal{O}_K)} \zeta_{\mathcal{O}_K/M}(s) \cdot \zeta_{\mathbb{R}}(s)^{r_1} \cdot \zeta_{\mathbb{C}}(s)^{r_2} \cdot D(K)^{\frac{s}{2}}$$

とすると

$$\hat{\xi}^*_{\mathcal{O}_K}(1-s) = \hat{\xi}^*_{\mathcal{O}_K}(s)$$

となっている．つまり，導手（判別式）成分 $D(K)^{\frac{s}{2}}$ や $(D(K)/(2\pi)^{[K:\mathbb{Q}]})^{\frac{s}{2}}$ を"ガンマ因子"に吸収することも可能である．

第4章
行列してゼータ

ゼータとは何であるか？　その問いに答えるには行列は持って来いの題材である．行列は『線形代数』のテーマであるが，ゼータとの関連で取り上げられることは，不思議なことに教科書目次にもシラバスにもない（私は個人的に長年やってきたが）．それは，ゼータというものは基礎教育とは無関係のものという先入観が大きく影響しているのであろう．しかし，その思い込みは全くの誤解であって，振り返って考えてみれば，固有多項式・特性多項式はゼータなのであった．つまり，『線形代数』とはゼータ関数論なのである．

リーマンゼータからはじまったゼータが行列のゼータとなるのもゼータ進化の一つである．

4.1　行列のゼータ

n 次正方行列 A のゼータとは
$$Z_A(s) = \det(sE_n - A)$$
である．『線形代数』では固有多項式や特性多項式と呼ばれる．その零点が固有値である（行列の成分は複素数としておき，$s \in \mathbb{C}$ とする）．

　ゼータとしての捉え方を昔から強調してきたので改めて言及する必要はないかも知れないが，便利のために最近の本を例示しておこう：

　黒川信重『零点問題集―ゼータ入門』現代数学社，2019 年（第 9 話・第 10 話），

　黒川信重『リーマンと数論』共立出版，2016 年（第 2 章・第 3 章）．

　簡明なゼータの理想境を練習問題で味わっていただこう．

> **練習問題 1**　n 次の実交代行列 A（実行列であって $^tA = -A$ となるもの）に対して次を証明せよ．
> 　(1) 関数等式：$Z_A(-s) = (-1)^n Z_A(s)$.
> 　(2) リーマン予想類似：$Z_A(s) = 0$ なら $\mathrm{Re}(s) = 0$.
> 　(3) 特殊値：$Z_A(0) \geqq 0$.

解答

(1)
$$\begin{aligned}
Z_A(-s) &= \det(-sE_n - A)\\
&= (-1)^n \det(sE_n + A)\\
&= (-1)^n \det(sE_n - {}^tA)\\
&= (-1)^n \det({}^t(sE_n - A))\\
&= (-1)^n \det(sE_n - A)\\
&= (-1)^n Z_A(s).
\end{aligned}$$

(2) $Z_A(s) = 0 \Longleftrightarrow s$ は A の固有値

であるから，A の固有値が $i\mathbb{R}$ に属することを示せばよい．

そのために，A をユニタリ行列 U によって対角化する（A は正

規行列になっているので，ユニタリ行列 U による上三角化を行うと自動的に対角化になる）：

$$U^{-1}AU = \begin{pmatrix} \alpha_1 & & O \\ & \ddots & \\ O & & \alpha_n \end{pmatrix} \quad (\alpha_1, \cdots, \alpha_n \text{ は固有値全体}).$$

このとき

$$(U^{-1}AU)^* = \begin{pmatrix} \overline{\alpha_1} & & O \\ & \ddots & \\ O & & \overline{\alpha_n} \end{pmatrix}$$

である．ちなみに，$X^* = {}^t\overline{X}$ であり，X が正規行列とは $X^*X = XX^*$ が成立することである．上記の左辺は

$$U^*A^*U = U^{-1}(-A)U$$
$$= -U^{-1}AU$$
$$= -\begin{pmatrix} \alpha_1 & & O \\ & \ddots & \\ O & & \alpha_n \end{pmatrix}$$

である．したがって，

$$\overline{\alpha}_j = -\alpha_j \quad (j=1,\cdots,n)$$

より $\alpha_1, \cdots, \alpha_n \in i\mathbb{R}$ とわかる．

(3) 関数等式において $s=0$ とすると

$$Z_A(0) = (-1)^n Z_A(0).$$

よって，n が奇数のときは $Z_A(0)=0$ である（つまり，0 は A の固有値となる）．次に，n が偶数のときは，$Z_A(s)=0$ とすると $Z_A(\overline{s}) = \overline{Z_A(s)} = 0$ となることより，α が固有値なら $\overline{\alpha}$ も固有値である．よって，全固有値 $\alpha_1, \cdots, \alpha_n$ のうちの 0 でない固有値の個数は偶数 $2r \left(0 \le r \le \dfrac{n}{2}\right)$ となり，$\beta_1, \cdots, \beta_r \in i\mathbb{R}-\{0\}$ によって

$$Z_A(s) = s^{n-2r}(s-\beta_1)(s-\overline{\beta}_1)\cdots(s-\beta_r)(s-\overline{\beta}_r)$$
$$= s^{n-2r}(s-\beta_1)(s+\beta_1)\cdots(s-\beta_r)(s+\beta_r)$$
$$= s^{n-2r}(s^2-\beta_1^2)\cdots(s^2-\beta_r^2)$$
$$= s^{n-2r}(s^2+|\beta_1|^2)\cdots(s^2+|\beta_r|^2)$$

となることがわかる．したがって，

$$Z_A(0) = \begin{cases} |\beta_1|^2\cdots|\beta_r|^2 > 0 & \cdots\ r = \dfrac{n}{2}, \\ \\ \quad\quad 0 & \cdots r < \dfrac{n}{2} \end{cases}$$

が成立する．よって，n が偶数のとき $Z_A(0) \geqq 0$ である．

（解答終）

　　絶対数学の見地からは，$Z_A(s)$ は絶対保型形式 $f_A(x) = -\mathrm{trace}(x^A)$ に対応する絶対ゼータ関数である．

　　基本的な性質も確認しておこう．なお，(1) は練習問題 1 (1) の解答で使った．

練習問題 2　次を示せ．

(1)　n 次正方行列 A に対して
$$Z_{{}^tA}(s) = Z_A(s).$$

(2)　n 次正方行列 A と n 次正則行列 P に対して
$$Z_{P^{-1}AP}(s) = Z_A(s).$$

(3)　n 次正方行列 A, B に対して
$$Z_{AB}(s) = Z_{BA}(s).$$

解答

(1)　$Z_{{}^tA}(s) = \det(sE_n - {}^tA) = \det({}^t(sE_n - A))$
$$= \det(sE_n - A) = Z_A(s).$$

(2) $Z_{P^{-1}AP}(s) = \det(sE_n - P^{-1}AP)$

$\qquad\qquad = \det(P^{-1}(sE_n - A)P)$

$\qquad\qquad = \det(P)^{-1}\det(sE_n - A)\det(P)$

$\qquad\qquad = Z_A(s).$

(3) A が正則のときは $AB = A(BA)A^{-1}$ であるから (2) を使って

$$Z_{AB}(s) = Z_{A(BA)A^{-1}}(s) = Z_{BA}(s).$$

A が正則でないときは， 充分小の $\varepsilon > 0$ に対して

$$A(\varepsilon) = A + \varepsilon E_n$$

が正則となることを用いて ($A(\varepsilon)$ が非正則 $\Longleftrightarrow -\varepsilon$ が A の固有値)，

$$Z_{A(\varepsilon)B}(s) = Z_{BA(\varepsilon)}(s).$$

よって，両辺で多項式の係数が ε の連続関数となることに注意して $\varepsilon \downarrow 0$ とし， $Z_{AB}(s) = Z_{BA}(s)$ を得る． **(解答終)**

4.2 跡公式

n 次正方行列 (成分は複素数) $A = (a_{ij})_{i,j=1,\cdots,n}$ の跡 (トレース, trace) とは

$$\mathrm{trace}(A) = a_{11} + \cdots + a_{nn} = \sum_{i=1}^{n} a_{ii}$$

である．ゼータの話で重要となる「跡公式」は跡を固有値に結び付けるものである．

さて，A の固有値 α とは条件

「$Ax = \alpha x$ となる $x \in \mathbb{C}^n - \{0\}$ が存在する」

をみたす複素数 α のことである．これは，A のゼータ

$$Z_A(s) = \det(sE_n - A)$$

の零点 $\alpha_1, \cdots, \alpha_n$ に他ならない．つまり，

$$Z_A(s) = (s-\alpha_1)\cdots(s-\alpha_n)$$

と分解したときの $\alpha_1,\cdots,\alpha_n$ である．実際，

$Ax = \alpha x$ となる $x \in \mathbb{C}^n - \{0\}$ が存在

$\Longleftrightarrow (\alpha E_n - A)x = 0$ となる $x \in \mathbb{C}^n - \{0\}$ が存在

$\Longleftrightarrow \alpha E_n - A$ は非正則行列 $(\mathrm{rank}(\alpha E_n - A) < n)$

$\Longleftrightarrow \det(\alpha E_n - A) = 0$

$\Longleftrightarrow Z_A(\alpha) = 0$

となる．

練習問題 3　n 次正方行列 $A = (a_{ij})_{i,j=1,\cdots,n}$ の固有値 $\alpha_1,\cdots,\alpha_n$ に対して次を示せ．

(1)　$\alpha_1 + \cdots + \alpha_n = \mathrm{trace}(A) = a_{11} + \cdots + a_{nn}$.

(2)　$\alpha_1 \cdots \alpha_n = \det(A)$.

解答 1　まず

$$Z_A(s) = s^n - \mathrm{trace}(A)s^{n-1} + \cdots + (-1)^n \det(A),$$
$$\mathrm{trace}(A) = -\frac{1}{(n-1)!}Z_A^{(n-1)}(0),$$
$$\det(A) = (-1)^n Z_A(0)$$

となることを見る．それには

$$sE_n - A = \begin{pmatrix} s-a_{11} & \cdots & -a_{1n} \\ \vdots & \ddots & \vdots \\ -a_{n1} & \cdots & s-a_{nn} \end{pmatrix}$$
$$= \begin{pmatrix} b_{11} & \cdots & b_{1n} \\ \vdots & & \vdots \\ b_{n1} & \cdots & b_{nn} \end{pmatrix} = B$$

と書いたときに

$$Z_A(s) = \det(B) = \sum_{\sigma \in S_n} \mathrm{sgn}(\sigma) b_{1\sigma(1)} \cdots b_{n\sigma(n)}$$

という行列式の定義（σ は $\{1,\cdots,n\}$ の置換，S_n は n 次対称群）から

$$Z_A(s) = (s-a_{11})\cdots(s-a_{nn}) + (\text{高々 } n-2 \text{ 次の多項式})$$

と展開されることを使う．この第 1 項は $\sigma = id$（恒等置換）の項であり，残りは $\sigma \neq id$ の $(n!-1)$ 項の和である．よって，

$$(s-a_{11})\cdots(s-a_{nn}) = s^n - (a_{11}+\cdots+a_{nn})s^{n-1} + \cdots + (-1)^n a_{11}\cdots a_{nn}$$

に注意すれば

$$Z_A(s) = s^n - (a_{11}+\cdots+a_{nn})s^{n-1} + \cdots + c_0$$
$$= s^n - \text{trace}(A)s^{n-1} + \cdots + c_0$$

となる．定数項 c_0 は

$$c_0 = Z_A(0) = \det(-A) = (-1)^n \det(A)$$

とわかる．したがって，

$$Z_A(s) = s^n - \text{trace}(A)s^{n-1} + \cdots + (-1)^n \det(A)$$

となる．

一方，固有値（零点）への分解式

$$Z_A(s) = (s-\alpha_1)\cdots(s-\alpha_n)$$

を展開すると

$$Z_A(s) = s^n - (\alpha_1+\cdots+\alpha_n)s^{n-1} + \cdots + (-1)^n \alpha_1\cdots\alpha_n$$

となる．

したがって，$Z_A(s)$ の s^{n-1} の係数を比較して

$$\alpha_1+\cdots+\alpha_n = \text{trace}(A) = a_{11}+\cdots+a_{nn},$$

$Z_A(s)$ の定数項を比較して

$$\alpha_1\cdots\alpha_n = \det(A)$$

を得る．　　　　　　　　　　　　　　　　　　　　　（解答 1 終）

解答 2　　A をユニタリ行列 U によって上三角化すると

$$U^{-1}AU = \begin{pmatrix} \alpha_1 & & * \\ & \ddots & \\ O & & \alpha_n \end{pmatrix}$$

となる．したがって，

$$\text{trace}(U^{-1}AU) = \alpha_1 + \cdots + \alpha_n,$$

$$\det(U^{-1}AU) = \alpha_1 \cdots \alpha_n$$

である．そこで，跡と行列式の基本性質

$$\text{trace}(XY) = \text{trace}(YX)$$

$$\det(XY) = \det(X)\det(Y) = \det(YX)$$

を用いると

$$\alpha_1 + \cdots + \alpha_n = \text{trace}(U^{-1}(AU))$$

$$= \text{trace}((AU)U^{-1}) = \text{trace}(A),$$

$$\alpha_1 \cdots \alpha_n = \det(U^{-1}(AU))$$

$$= \det((AU)U^{-1}) = \det(A)$$

となる． **（解答 2 終）**

上記の練習問題 3 の等式 (1)

$$\alpha_1 + \cdots + \alpha_n = a_{11} + \cdots + a_{nn}$$

を「跡公式」(trace formula) と呼ぶ．この左辺を見て「固有和」，右辺を見て「対角和」という言い方も使われている．つまり，等式

$$\boxed{固有和} = \boxed{対角和}$$

が跡公式である．

4.3　置換のゼータ

置換 $\sigma \in S_n$ のゼータ $\zeta_\sigma(s)$ は『線形代数』の良い練習問題である．

練習問題 4 置換 $\sigma \in S_n$ のゼータを

$$\zeta_\sigma(s) = \exp\left(\sum_{m=1}^\infty \frac{|\mathrm{Fix}(\sigma^m)|}{m} e^{-ms}\right)$$

とおく（はじめは $\mathrm{Re}(s) > 0$ で考えて，$s \in \mathbb{C}$ 全体へと解析接続する）．ここで，

$$|\mathrm{Fix}(\sigma^m)| = |\{i = 1, \cdots, n \,|\, \sigma^m(i) = i\}|$$

は固定点（不動点）の個数である．さらに，置換行列を

$$M(\sigma) = (\delta_{i\sigma(j)})_{i, j=1,, \cdots, n}$$

とする．ただし，δ はクロネッカーのデルタである：

$$\delta_{ij} = \begin{cases} 1 \;\cdots\cdots\; i = j, \\ 0 \;\cdots\cdots\; i \neq j. \end{cases}$$

このとき，次を示せ．

(1) 行列式表示：

$$\zeta_\sigma(s) = \det(E_n - e^{-s} M(\sigma))^{-1}.$$

(2) 関数等式：

$$\zeta_\sigma(-s) = (-1)^n e^{-ns} \mathrm{sgn}(\sigma) \zeta_\sigma(s).$$

(3) 固有値解釈：

$$\zeta_\sigma(s) = \infty \Longleftrightarrow e^s \text{ は } M(\sigma) \text{ の固有値}.$$

(4) リーマン予想類似：

$$\zeta_\sigma(s) = \infty \text{ なら } \mathrm{Re}(s) = 0.$$

解答

(1) まず，

$$|\mathrm{Fix}(\sigma^m)| = \mathrm{trace}(M(\sigma)^m)$$

を示そう．群準同型（表現）

$$M : S_n \longrightarrow GL(n, \mathbb{C})$$

を見ると

$$M(\sigma)^m = M(\sigma^m)$$

が成立することがわかるので

$$\mathrm{trace}(M(\sigma)^m) = \mathrm{trace}(M(\sigma^m))$$

となる．ここで，　$M(\sigma^m) = (\delta_{i\sigma^m(j)})_{i,j=1,\cdots,n}$ であるから

$$
\begin{aligned}
\mathrm{trace}(M(\sigma^m)) &= \sum_{i=1}^{n} \delta_{i\sigma^m(i)} \\
&= |\{i = 1, \cdots, n \,|\, \delta_{i\sigma^m(i)} = 1\}| \\
&= |\{i = 1, \cdots, n \,|\, \sigma^m(i) = i\}| \\
&= |\mathrm{Fix}(\sigma^m)|
\end{aligned}
$$

となって所定の等式を得る．

　したがって，等式

$$
\exp\Big(\sum_{m=1}^{\infty} \frac{\mathrm{trace}(M(\sigma)^m)}{m} e^{-ms}\Big)
$$
$$
= \det(E_n - e^{-s} M(\sigma))^{-1}
$$

を示せば良いことになる．そこで，$M(\sigma)$ をユニタリ行列 U によって対角化する（上三角化でも良いが，今の場合は $M(\sigma)$ は実直交行列なので対角化される）：

$$
U^{-1} M(\sigma) U = \begin{pmatrix} \alpha_1 & & O \\ & \ddots & \\ O & & \alpha_n \end{pmatrix}.
$$

すると，跡公式

$$
\begin{aligned}
|\mathrm{Fix}(\sigma^m)| &= \mathrm{trace}(M(\sigma)^m) \\
&= \mathrm{trace}((U^{-1} M(\sigma) U)^m) \\
&= \alpha_1^m + \cdots + \alpha_n^m
\end{aligned}
$$

より

$$\zeta_\sigma(s) = \exp\Big(\sum_{m=1}^\infty \frac{\alpha_1^m + \cdots + \alpha_n^m}{m} e^{-ms}\Big)$$
$$= \frac{1}{(1-\alpha_1 e^{-s})\cdots(1-\alpha_n e^{-s})}$$
$$= \det(E_n - e^{-s} M(\sigma))^{-1}$$

となって（$M(\sigma)$ の固有値が $\alpha_1,\cdots,\alpha_n$ である），行列式表示を得る．同時に，$s\in\mathbb{C}$ 全体への解析接続もできた．

(2) 行列式表示より

$$\zeta_\sigma(-s) = \det(E_n - e^s M(\sigma))^{-1}$$
$$= \det(-e^s M(\sigma)(E_n - e^{-s} M(\sigma)^{-1}))^{-1}$$
$$= \det(-e^s M(\sigma))^{-1}\det(E_n - e^{-s} M(\sigma)^{-1})^{-1}$$

となるが

$$\det(-e^s M(\sigma)) = (-1)^n e^{ns}\det(M(\sigma))$$
$$= (-1)^n e^{ns}\operatorname{sgn}(\sigma),$$
$$\det(E_n - e^{-s} M(\sigma)^{-1}) = \det(E_n - e^{-s}\cdot {}^t M(\sigma))$$
$$= \det({}^t(E_n - e^{-s} M(\sigma)))$$
$$= \det(E_n - e^{-s} M(\sigma))$$

であるから，関数等式

$$\zeta_\sigma(-s) = (-1)^n e^{-ns}\operatorname{sgn}(\sigma)\zeta_\sigma(s)$$

が成立する．

(3) 行列式表示より，

$$\zeta_\sigma(s) = \infty \Longleftrightarrow \det(E_n - e^{-s} M(\sigma)) = 0$$
$$\Longleftrightarrow e^s は M(\sigma) の固有値$$

が成立する．

(4) 固有値解釈より，$\zeta_\sigma(s) = \infty$ なら $e^s = \alpha$ は $M(\sigma)$ の固有値である．さらに，$M(\sigma)$ は実直交行列（とくに，ユニタリ行列）なので $|\alpha| = 1$ となる．よって，

$$e^{\mathrm{Re}(s)} = |e^s| = |\alpha| = 1$$

となるので，$\mathrm{Re}(s) = 0$ を得る． **（解答終）**

さらに，$\zeta_\sigma(s)$ はオイラー積も持っているので，やってみよう．

> **練習問題 5** $\sigma \in S_n$ のゼータ $\zeta_\sigma(s)$ のオイラー積表示
>
> $$\zeta_\sigma(s) = \prod_P (1 - N(P)^{-s})^{-1}$$
>
> を証明せよ．ここで，P は $\{1, \cdots, n\}$ を頂点とする σ の定める有向グラフの周期軌道全体を動き，$N(P)$ は P の長さを $\ell(P)$ としたとき $N(P) = \exp(\ell(P))$ で定める．

（解答） σ を $1 \sim n$ が各々1回だけ現れる巡回置換の積として表示する：$\sigma = \sigma_1 \cdots \sigma_r$．このとき，各 σ_j（長さ ℓ_j）が周期軌道 P_j（長さ ℓ_j）に対応する．たとえば，

$$\sigma = \begin{pmatrix} 1 & 2 & 3 & 4 & 5 & 6 & 7 \\ 2 & 3 & 1 & 5 & 6 & 4 & 7 \end{pmatrix} \in S_7$$

なら $\sigma_1 = (1\ 2\ 3)$，$\sigma_2 = (4\ 5\ 6)$，$\sigma_3 = (7)$ であり，P_1, P_2, P_3 は図の周期軌道になる．

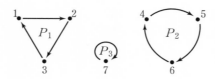

このとき

$$M(\sigma) \cong \bigoplus_{j=1}^{r} M(\sigma_j)$$

となる．ただし，

$$M(\sigma_j) \cong \begin{pmatrix} 0 & \cdots & 1 \\ 1 & \ddots & \vdots \\ O & \ddots 1 & 0 \end{pmatrix}$$

は ℓ_j 次の巡回行列と考える．すると，

$$\zeta_\sigma(s) = \det(E_n - e^{-s}M(\sigma))^{-1}$$

$$= \prod_{j=1}^{r} \det(E_{\ell_j} - e^{-s}M(\sigma_j))^{-1}$$

$$= \prod_{j=1}^{r} (1 - e^{-\ell_j s})^{-1}$$

$$= \prod_{j=1}^{r} (1 - N(P_j)^{-s})^{-1}$$

となって，オイラー積表示が成立する．**（解答終）**

4.4 素数と零点へ

　素数と零点の関係はリーマンが発見した（1859 年に発表）．それは，素数定理の証明やいろいろなゼータ関数の発展の動機を与えるものであった．

　ここでは，簡単に導くことができる「素数と零点間の等式」を紹介しよう．それは，ある無限次行列の「跡公式」と期待される．これが，地球生物のどんな性質に対応しているかについては「エネルギー変換」と考えるとわかり良いであろう．

　まずは，リーマンの与えた美しい表示を見よう．私見では，数学の中でとびきり見事な数式である．

> **定理 1**　リーマンゼータ $\zeta_{\mathbb{Z}}(s)$ の完備化 $\hat{\xi}_{\mathbb{Z}}(s)$ は
>
> $$\hat{\xi}_{\mathbb{Z}}(s) = \frac{\prod_{\rho}\left(1-\frac{s}{\rho}\right)}{s(s-1)}$$
>
> と分解する．ここで，ρ は $\hat{\xi}_{\mathbb{Z}}(s) = \zeta_{\mathbb{Z}}(s)\Gamma_{\mathbb{R}}(s)$ の零点（$\zeta_{\mathbb{Z}}(s)$ の虚零点）を動き，ρ と $1-\rho$ は組にする．

■■ **証明** ■■　分子は

$$\prod_{\rho}\left(1-\frac{s}{\rho}\right) = \prod_{\mathrm{Im}(\rho)>0}\left\{\left(1-\frac{s}{\rho}\right)\left(1-\frac{s}{1-\rho}\right)\right\}$$

$$= \prod_{\mathrm{Im}(\rho)>0}\left(1-\frac{s}{\rho(1-\rho)}+\frac{s^2}{\rho(1-\rho)}\right)$$

$$= \prod_{\mathrm{Im}(\rho)>0}\left(1-\frac{s(1-s)}{\rho(1-\rho)}\right)$$

という無限積であり，

$$\sum_{\rho}\frac{1}{\rho(1-\rho)} = 1+\frac{\gamma}{2}-\frac{\log\pi}{2}-\log 2$$

$$= 0.023\cdots\cdots$$

は絶対収束している（リーマン）．

　複素関数論的一般論から定数 A,B によって

$$\hat{\xi}_{\mathbb{Z}}(s) = e^{As+B}\frac{\prod_{\rho}\left(1-\frac{s}{\rho}\right)}{s(s-1)}$$

となることは難しくなく有名なことであり，ここから出発する．ちなみに，位数が有限の有理型関数なら零点と極に関する積に指数関数部分を掛けた形になるが，$\hat{\xi}_{\mathbb{Z}}(s)$ の位数は 1 なので指数関数部分は e^{As+B} になるのである．

　そこで，両辺に s を掛けると

$$s\hat{\xi}_{\mathbb{Z}}(s) = e^{As+B}\frac{\prod_{\rho}\left(1-\frac{s}{\rho}\right)}{s-1}$$

となる．この左辺は

$$s\hat{\xi}_{\mathbb{Z}}(s) = s\pi^{-\frac{s}{2}}\Gamma\left(\frac{s}{2}\right)\zeta_{\mathbb{Z}}(s)$$

$$= 2\pi^{-\frac{s}{2}}\Gamma\left(\frac{s}{2}+1\right)\zeta_{\mathbb{Z}}(s)$$

である．よって

$$2\pi^{-\frac{s}{2}}\Gamma\left(\frac{s}{2}+1\right)\zeta_{\mathbb{Z}}(s) = e^{As+B}\frac{\prod_{\rho}(1-\frac{s}{\rho})}{s-1}$$

となる．ここで $s=0$ とすると，$\zeta_{\mathbb{Z}}(0)=-\frac{1}{2}$ より $e^B=1$ がわか

る．よって，$B=0$ として良い．

次に，等式

$$e^{As} = \hat{\xi}_{\mathbb{Z}}(s)^{-1}\frac{\prod_{\mathrm{Im}(\rho)>0}(1-\frac{s(1-s)}{\rho(1-\rho)})}{s(s-1)}$$

において右辺は変換 $s\longleftrightarrow 1-s$ で不変であるから

$$e^{As} = e^{A(1-s)} \quad (s\in\mathbb{C})$$

が成立する．つまり

$$e^{A(2s-1)} = 1 \quad (s\in\mathbb{C})$$

となり，$A=0$ がわかる．　　　　　　　　　　**（証明終）**

「素数と零点間の等式」を導いてみよう．

定理2　　Re$(s)>1$ において

$$\sum_{p:\text{素数}}\frac{\log p}{p^s-1} = \left[\frac{1}{s}-\sum_{\rho}\frac{1}{s-\rho}+\frac{1}{s-1}\right]$$

$$-\left[\frac{\gamma}{2}+\frac{\log\pi}{2}+\frac{1}{s}+\sum_{n=1}^{\infty}\left(\frac{1}{s+2n}-\frac{1}{2n}\right)\right].$$

■証明■　定理1の両辺の対数微分を求めると

$$\frac{\hat{\zeta}'_{\mathbb{Z}}(s)}{\hat{\zeta}_{\mathbb{Z}}(s)} = -\frac{1}{s} + \sum_{\rho}\frac{1}{s-\rho} - \frac{1}{s-1}$$

となる．ここで,

$$\frac{\hat{\zeta}'_{\mathbb{Z}}(s)}{\hat{\zeta}_{\mathbb{Z}}(s)} = \frac{\zeta'_{\mathbb{Z}}(s)}{\zeta_{\mathbb{Z}}(s)} + \frac{\Gamma'_{\mathbb{R}}(s)}{\Gamma_{\mathbb{R}}(s)}.$$

第 1 項は，$\mathrm{Re}(s) > 1$ におけるオイラー積表示より

$$\log \zeta_{\mathbb{Z}}(s) = \log\Big(\prod_{p:\text{素数}}(1-p^{-s})^{-1}\Big)$$
$$= -\sum_{p:\text{素数}}\log(1-p^{-s})$$

として微分すると

$$\frac{\zeta'_{\mathbb{Z}}(s)}{\zeta_{\mathbb{Z}}(s)} = -\sum_{p:\text{素数}}\frac{p^{-s}\log p}{1-p^{-s}} = -\sum_{p:\text{素数}}\frac{\log p}{p^s-1}$$

となる．第 2 項は，

$$\frac{\Gamma'_{\mathbb{R}}(s)}{\Gamma_{\mathbb{R}}(s)} = -\frac{\log \pi}{2} + \frac{1}{2}\frac{\Gamma'(\frac{s}{2})}{\Gamma(\frac{s}{2})}$$
$$= -\frac{\log \pi}{2} - \frac{1}{s} - \frac{\gamma}{2} - \sum_{n=1}^{\infty}\Big(\frac{1}{s+2n} - \frac{1}{2n}\Big)$$

である．ただし，ガンマ関数のオイラーによる表示

$$\frac{1}{\Gamma(s)} = se^{\gamma s}\prod_{n=1}^{\infty}\Big\{\Big(1+\frac{s}{n}\Big)e^{-\frac{s}{n}}\Big\}$$

を用いた．

　これらを合わせると，$\mathrm{Re}(s) > 1$ に対して

$$\sum_{p:\text{素数}}\frac{\log p}{p^s-1} = \Big[\frac{1}{s} - \sum_{\rho}\frac{1}{s-\rho} + \frac{1}{s-1}\Big]$$
$$-\Big[\frac{\log \pi}{2} + \frac{1}{s} + \frac{\gamma}{2} + \sum_{n=1}^{\infty}\Big(\frac{1}{s+2n} - \frac{1}{2n}\Big)\Big]$$

を得る． **（証明終）**

　定理 1 および定理 2 の右辺の第 1 の ［　］内にはリーマンゼータのコホモロジー構造が現われている：

$$H^0 : \frac{1}{s},$$

$$H^1 : \prod_{\rho}\left(1-\frac{s}{\rho}\right) \text{および} \sum_{\rho}\frac{1}{s-\rho},$$

$$H^2 : \frac{1}{s-1}.$$

一般化されたリーマン予想とは,「H^m に対応する零点と極の実部は $\frac{m}{2}$」というものである.なお,定理2の右辺の第2の[ ]内は基本的にガンマ因子からの寄与である.

具体的に零点全体と素数全体の間の関係を一つ求めてみよう.

練習問題6 次を示せ.

$$\sum_{p:\text{素数}}\left(\frac{\log p}{p-p^{-1}}\right)^2 = -\sum_{\rho:\text{零点}}\frac{1}{(\rho+1)^2}+\frac{5}{4}-\frac{\pi^2}{24}.$$

解答 定理2の両辺を微分すると,$\mathrm{Re}(s)>1$において

$$\sum_{p:\text{素数}}\left(\frac{\log p}{p^{\frac{s}{2}}-p^{-\frac{s}{2}}}\right)^2 = \frac{1}{(s-1)^2}-\sum_{\rho:\text{零点}}\frac{1}{(s-\rho)^2}-\sum_{n=1}^{\infty}\frac{1}{(s+2n)^2}$$

を得る.右辺を $\zeta_{\mathbb{Z}}(s)$ の零点と極から見ると

第1項は $s=1$ における1位の極,

第2項は $s=\rho$ における零点,

第3項は $s=-2n\ (n=1,2,3,\cdots)$ における零点

から,それぞれ来ている.

そこで,$s=2$ とすれば

$$\sum_{p:\text{素数}}\left(\frac{\log p}{p-p^{-1}}\right)^2 = 1-\sum_{\rho:\text{零点}}\frac{1}{(2-\rho)^2}-\sum_{n=1}^{\infty}\frac{1}{(2n+2)^2}$$

となる.ここで,対称性 $\rho \longleftrightarrow 1-\rho$ を用いると

$$\sum_{\rho:\text{素数}} \frac{1}{(2-\rho)^2} = \sum_{\rho:\text{零点}} \frac{1}{(\rho+1)^2}$$

であり，

$$\sum_{n=1}^{\infty} \frac{1}{(2n+2)^2} = \frac{1}{4}\sum_{n=2}^{\infty}\frac{1}{n^2} = \frac{1}{4}(\zeta_Z(2)-1)$$

$$= \frac{1}{4}\Big(\frac{\pi^2}{6}-1\Big) = \frac{\pi^2}{24}-\frac{1}{4}$$

である．したがって，素数と零点間の等式

$$\sum_{p:\text{素数}} \Big(\frac{\log p}{p-p^{-1}}\Big)^2 = -\sum_{\rho:\text{零点}} \frac{1}{(\rho+1)^2} + \frac{5}{4} - \frac{\pi^2}{24}$$

が成り立つ．　　　　　　　　　　　　　　　　**（解答終）**

　応用は，もっとあるが次章にまわそう．

第5章
跡とたましい

地球の生物学では,「たましい」は現われないのが普通である. 一方, ゼータを考える際には「たましい」にあたる絶対保型形式は必須のものである. それは, 行列に限定するとわかりやすい. 行列の「たましい」は跡 (トレース) であり, 行列の「こころ」は固有値 (ゼータの零点・極) である. 跡から「たましい」をたずねてみよう.

5.1 リーマンゼータの跡

リーマンの等式

$$\hat{\xi}_Z(s) = \frac{\prod_\rho \left(1 - \frac{s}{\rho}\right)}{s(s-1)}$$

は前章で証明した. リーマンゼータに対応する行列 A は虚零点 ρ を対角成分に並べた

$$A = \begin{pmatrix} \cdot \cdot & & O \\ & \rho & \\ O & & \cdot \cdot \end{pmatrix}$$

である. A の作用する空間や, その自然な基底に関する行列表示などの問題を考える余地はあるものの, 原理的には, リーマンゼータの行列は, これである.

こうすると, 実質的に

$$\hat{\zeta}_Z(s) = \frac{\det(s-A)}{s(s-1)}$$

の形になる．リーマン予想を見るには

$$A_0 = A - \frac{1}{2} = \begin{pmatrix} & \rho - \frac{1}{2} & \\ & & \end{pmatrix}$$

とすると

$$\hat{\zeta}_Z(s) = \frac{\det((s-\frac{1}{2})-A_0)}{s(s-1)}$$

となって，A_0 が反エルミート行列（条件：${}^t\overline{A_0} = -A_0$；「反」は「歪」と書くことも）であることがリーマン予想と同値になる．

第 4 章は，跡

$$\text{trace}((A+1)^{-2}) = \sum_\rho \frac{1}{(\rho+1)^2}$$

に対する等式

$$\text{trace}((A+1)^{-2}) = \frac{5}{4} - \frac{\pi^2}{24} - \sum_{p:素数}\left(\frac{\log p}{p-p^{-1}}\right)^2$$

の証明で終っていたので，今回は $\text{trace}(A^{-1})$ の計算からはじめよう．

定理 1　γ をオイラー定数（$0.577\cdots$）とするとき，次が成立する．

(1) $\displaystyle \lim_{s \to 1}\left(\frac{\zeta_Z'(s)}{\zeta_Z(s)} + \frac{1}{s-1}\right) = \gamma$.

(2) $\displaystyle \lim_{s \to 1}\left(\sum_{p:素数}\frac{\log p}{p^s-1} - \frac{1}{s-1}\right)$

$$= -\sum_\rho \frac{1}{\rho} - \frac{\gamma}{2} - \frac{\log\pi}{2} - \log 2 + 1.$$

(3) $\displaystyle \text{trace}(A^{-1}) = \sum_\rho \frac{1}{\rho}$

$$= 1 + \frac{\gamma}{2} - \frac{\log\pi}{2} - \log 2 \,(= 0.023\cdots).$$

証明

(1) 等式

$$\lim_{s \to 1}\left(\zeta_Z(s) - \frac{1}{s-1}\right) = \gamma$$

から

$$\lim_{s \to 1}\left(\frac{\zeta_Z'(s)}{\zeta_Z(s)} + \frac{1}{s-1}\right) = \gamma$$

がわかる．実際，$s=1$ における $\zeta_Z(s)$ のローラン展開は

$$\zeta_Z(s) = \frac{1}{s-1} + \gamma + c_1(s-1) + \cdots$$

$$= \frac{1}{s-1}\left(1 + \gamma(s-1) + c_1(s-1)^2 + \cdots\right)$$

となるので，

$$\log \zeta_Z(s) = -\log(s-1) + \gamma(s-1)$$

$$+ \left(c_1 - \frac{\gamma^2}{2}\right)(s-1)^2 + \cdots$$

より，

$$\frac{\zeta_Z'(s)}{\zeta_Z(s)} = -\frac{1}{s-1} + \gamma + (2c_1 - \gamma^2)(s-1) + \cdots$$

であり，

$$\lim_{s \to 1}\left(\frac{\zeta_Z'(s)}{\zeta_Z(s)} + \frac{1}{s-1}\right) = \gamma.$$

(2) 第 4 章の定理 2 より，$\mathrm{Re}(s) > 1$ に対して

$$-\frac{\zeta_Z'(s)}{\zeta_Z(s)} = \sum_p \frac{\log p}{p^s - 1} = \left[\frac{1}{s} - \sum_\rho \frac{1}{s-\rho} + \frac{1}{s-1}\right]$$

$$- \left[\frac{\gamma}{2} + \frac{\log \pi}{2} + \frac{1}{s} + \sum_{n=1}^{\infty}\left(\frac{1}{s+2n} - \frac{1}{2n}\right)\right]$$

である．したがって，

$$\sum_p \frac{\log p}{p^s-1} - \frac{1}{s-1}$$

$$= -\sum_\rho \frac{1}{s-\rho} - \frac{\gamma}{2} - \frac{\log \pi}{2} - \sum_{n=1}^{\infty} \left(\frac{1}{s+2n} - \frac{1}{2n} \right)$$

において $s \to 1$ $(s>1)$ とすることにより

$$\lim_{s\to 1} \left(\sum_p \frac{\log p}{p^s-1} - \frac{1}{s-1} \right)$$

$$= -\sum_\rho \frac{1}{1-\rho} - \frac{\gamma}{2} - \frac{\log \pi}{2} - \sum_{n=1}^{\infty} \left(\frac{1}{2n+1} - \frac{1}{2n} \right)$$

となる. ここで, 対称性 $\rho \longleftrightarrow 1-\rho$ より

$$\sum_\rho \frac{1}{1-\rho} = \sum_\rho \frac{1}{\rho} = \mathrm{trace}(A^{-1})$$

である. また,

$$\sum_{n=1}^{\infty} \left(\frac{1}{2n+1} - \frac{1}{2n} \right) = \log 2 - 1$$

であるから, (2) を得る.

(3) $\mathrm{Re}(s) > 1$ において

$$\sum_{p:\text{素数}} \frac{\log p}{p^s-1} - \frac{1}{s-1} = -\left(\frac{\zeta_{\mathbb{Z}}'(s)}{\zeta_{\mathbb{Z}}(s)} + \frac{1}{s-1} \right)$$

であるから, $s \longrightarrow 1$ として (1) を使えば

$$\lim_{s\to 1} \left(\sum_{p:\text{素数}} \frac{\log p}{p^s-1} - \frac{1}{s-1} \right) = -\gamma$$

となる. よって, (2) を用いて等式

$$-\gamma = -\sum_\rho \frac{1}{\rho} - \frac{\gamma}{2} - \frac{\log \pi}{2} - \log 2 + 1$$

を得る. したがって,

$$\mathrm{trace}(A^{-1}) = \sum_\rho \frac{1}{\rho} = \frac{\gamma}{2} - \frac{\log \pi}{2} - \log 2 + 1$$

が成立する. (証明終)

5.2 絶対保型形式

n 次実交代行列（反エルミート行列）A に対して

$$Z_A(s) = \det(sE_n - A)$$

の関数等式とリーマン予想の対応物を 4.1 節の練習問題 1 で見た．これが，絶対保型形式

$$f_A(x) = -\mathrm{trace}(x^A) \quad (x > 0)$$

に対応する絶対ゼータ関数 $\zeta_{f_A}(s)$ であることを証明して確信しておこう．ただし，

$$x^A = \exp(A \log x) = \sum_{k=0}^{\infty} \frac{A^k}{k!} (\log x)^k$$

である．

練習問題 1 A を n 次実交代行列とするとき，次が成立することを証明せよ．

(1) 絶対保型性：$f_A\left(\dfrac{1}{x}\right) = f_A(x)$.

(2) オイラー標数：$\chi(f_A) = f_A(1) = -n$.

(3) 絶対ゼータ関数：$\zeta_{f_A}(s) = \det(sE_n - A) = Z_A(s)$.

【解答】

(1) $\left(\dfrac{1}{x}\right)^A = \exp(-A \log x) = \sum_{k=0}^{\infty} \frac{(-1)^k A^k}{k!} (\log x)^k$

より

$$f_A\left(\frac{1}{x}\right) = -\operatorname{trace}\left(\left(\frac{1}{x}\right)^A\right)$$

$$= -\sum_{k=0}^{\infty} \frac{(-1)^k \operatorname{trace}(A^k)}{k!}(\log x)^k$$

$$= -\sum_{k=0}^{\infty} \frac{\operatorname{trace}({}^t A^k)}{k!}(\log x)^k$$

$$= -\sum_{k=0}^{\infty} \frac{\operatorname{trace}(A^k)}{k!}(\log x)^k$$

$$= -\operatorname{trace}(x^A)$$

$$= f_A(x)$$

が成立する．ただし，${}^t A = -A$ を用いた．

(2) $\chi(f_A) = f_A(1)$ であるから，

$$\chi(f_A) = -n$$

である．これは，関数等式

$$\zeta_{f_A}(-s) = (-1)^{\chi(f_A)} \zeta_{f_A}(s)$$

つまり

$$Z_A(-s) = (-1)^{\chi(f_A)} Z_A(s)$$

に現れる．

(3) $Z_A(s) = \det(sE_n - A) = (s-\alpha_1)\cdots(s-\alpha_n)$ とする．このとき $\alpha_1, \cdots, \alpha_n$ は A の固有値全体であり，

$$f_A(x) = -\operatorname{trace}(x^A) = -(x^{\alpha_1} + \cdots + x^{\alpha_n})$$

となる．よって

$$Z_{f_A}(w, s) = \frac{1}{\Gamma(w)} \int_1^{\infty} f_A(x) x^{-s-1} (\log x)^{w-1} dx$$

$$= -\{(s-\alpha_1)^{-w} + \cdots + (s-\alpha_n)^{-w}\}$$

である．したがって，

$$\zeta_{f_A}(s) = \exp\left(\frac{\partial}{\partial w} Z_{f_A}(w, s)\Big|_{w=0}\right)$$

$$= (s-\alpha_1)\cdots(s-\alpha_n)$$

$$= Z_A(s)$$

が成立する.

5.3 ある行列と跡

n 次の実行列 A に対するゼータ関数

$$Z_A(s) = \det(sE_n - A) = (s - \alpha_1) \cdots (s - \alpha_n)$$

は固有値 $\alpha_1, \cdots, \alpha_n$ を零点に持ち,

$$\mathrm{trace}(A) = \alpha_1 + \cdots + \alpha_n$$

である. さらに, $A^m \ (m \geqq 1)$ に対しても

$$Z_{A^m}(s) = (s - \alpha_1^m) \cdots (s - \alpha_n^m),$$

$$\mathrm{trace}(A^m) = \alpha_1^m + \cdots + \alpha_n^m$$

である. それを求めることは重要な問題となる.

　ここでは, あまり難しくなく面白い計算のできる例をやってみよう. そこで, $n \geqq 3$ に対して n 次実行列

$$M_n = \begin{pmatrix} 0 & & 1 \\ 1 & \ddots & \\ O & \ddots & 1 & 0 \end{pmatrix},$$

$$A_n = \frac{1}{2} \begin{pmatrix} 0 & 1 & & 1 \\ 1 & \ddots & \ddots & 1 \\ 1 & & 1 & 0 \end{pmatrix} = \frac{1}{2}(M_n + {}^t M_n),$$

$$B_n = \frac{1}{2} \begin{pmatrix} 0 & -1 & & 1 \\ 1 & \ddots & \ddots & -1 \\ -1 & & 1 & 0 \end{pmatrix} = \frac{1}{2}(M_n - {}^t M_n)$$

を考えることにしよう.

　練習問題2 次を示せ.

(1) $Z_{M_n}(s) = \det(sE_n - M_n) = s^n - 1$

$$= \prod_{k=1}^{n} \left(s - \left(\cos\left(\frac{2k}{n} \pi \right) + i \cdot \sin\left(\frac{2k}{n} \pi \right) \right) \right).$$

(2) $\mathrm{trace}(M_n^m) = \begin{cases} n & \cdots & n \mid m, \\ 0 & \cdots & n \nmid m. \end{cases}$

解答

(1)　$Z_{Mn}(s) = \det\begin{pmatrix} s & & -1 \\ -1 & \ddots & \\ O & & -1 \; s \end{pmatrix}$

を 1 行に関して展開して

$$Z_{Mn}(s) = s \cdot \det\begin{pmatrix} s & & O \\ -1 & \ddots & \\ O & & -1 \; s \end{pmatrix} + (-1)^{n+1}(-1)\det\begin{pmatrix} -1 & s & \\ & \ddots & s \\ O & & -1 \end{pmatrix}$$

$$= s \cdot s^{n-1} + (-1)^n \cdot (-1)^{n-1}$$

$$= s^n - 1$$

$$= \prod_{k=1}^{n}(s - \zeta_n^k)$$

となる．ここで，

$$\zeta_n^k = \exp\left(\frac{2k\pi}{n}i\right)$$

$$= \cos\left(\frac{2k}{n}\pi\right) + i \cdot \sin\left(\frac{2k}{n}\pi\right)$$

である．

(2)　$\mathrm{trace}(M_n^m) = \displaystyle\sum_{k=1}^{n} \zeta_n^{mk}$

を求める．まず，$n\,|\,m$ のときは $\zeta_n^m = 1$ であるから

$$\mathrm{trace}(M_n^m) = \sum_{k=1}^{n} 1 = n$$

となる．次に，$n \nmid m$ ならば $\zeta_n^m \neq 1$ かつ $(\zeta_n^m)^n = 1$ なので

$$\mathrm{trace}(M_n^m) = \sum_{k=1}^{n}(\zeta_n^m)^k = \zeta_n^m \frac{1 - (\zeta_n^m)^n}{1 - \zeta_n^m} = 0$$

となる．　　　　　　　　　　　　　　　　　　　　　　**（解答終）**

　　ここでは跡を「固有和」（固有値の和）として計算したが，「対角和」（対角成分の和）として求めることもできる：

練習問題3 M_n^m $(m = 1, 2, \cdots)$ の対角成分を求めることにより trace(M_n^m) を計算せよ.

〔解答〕

$$M_n = \begin{pmatrix} 0 & & 1 \\ 1 & & \\ O & & 1 & 0 \end{pmatrix} = \left(\begin{array}{c|c} O & E_1 \\ \hline E_{n-1} & O \end{array} \right)$$

であるから, $\ell = 1, \cdots, n-1$ に対して

$$M_n^\ell = \left(\begin{array}{c|c} O & E_\ell \\ \hline E_{n-\ell} & O \end{array} \right)$$

であり, trace$(M_n^\ell) = 0$ となり, $M_n^n = E_n$ なので trace$(M_n^n) = n$ である. さらに, $m \equiv \ell \bmod n$ なら $M_n^m = M_n^\ell$ なので

$$\text{trace}(M_n^m) = \text{trace}(M_n^\ell)$$

である. したがって.

$$\text{trace}(M_n^m) = \begin{cases} n & \cdots \ n \mid m \text{ のとき,} \\ 0 & \cdots \ n \nmid m \text{ のとき} \end{cases}$$

となる. （解答終）

練習問題4 跡を求めよ.

(1) trace(A_n).

(2) trace(A_n^2).

(3) trace(B_n).

(4) trace(B_n^2).

〔解答〕 対角成分を求めればよい.

(1) $A_n = \begin{pmatrix} 0 & & * \\ & \ddots & \\ * & & 0 \end{pmatrix}$ より trace$(A_n) = 0$.

(2) $A_n^2 = \begin{pmatrix} \frac{1}{2} & & * \\ & \ddots & \\ * & & \frac{1}{2} \end{pmatrix}$ より trace$(A_n^2) = \dfrac{n}{2}$.

(3)　$B_n = \begin{pmatrix} 0 & & * \\ & \ddots & \\ * & & 0 \end{pmatrix}$ より trace$(B_n) = 0$.

(4)　$B_n^2 = \begin{pmatrix} -\frac{1}{2} & & * \\ & \ddots & \\ * & & -\frac{1}{2} \end{pmatrix}$ より

$$\text{trace}(B_n^2) = -\frac{n}{2}.$$ 　（解答終）

定理 2　次が成立する.
(1)　$Z_{A_n}(s) = \det(sE_n - A_n)$
$$= \prod_{k=1}^{n}\left(s - \cos\left(\frac{2k}{n}\pi\right)\right).$$
(2)　$Z_{B_n}(s) = \det(sE_n - B_n)$
$$= \prod_{k=1}^{n}\left(s - i\cdot\sin\left(\frac{2k}{n}\pi\right)\right).$$

■ 証明 ■

はじめに, M_n, A_n, B_n は正規行列（条件： X は $^t\overline{X}$ と可換）であることに注意する. 今の場合は, M_n は実直交行列 $(^tM_n = M_n^{-1})$, A_n は実対称行列 $(^tA_n = A_n)$, B_n は実交代行列 $(^tB_n = -B_n)$ である. さらに, A_n と B_n は可換であることがわかる. よって, 同時対角化可能であり, あるユニタリ行列 U によって

$$U^{-1}A_nU = \begin{pmatrix} \alpha_1 & & 0 \\ & \ddots & \\ 0 & & \alpha_n \end{pmatrix}, \ \alpha_1,\cdots,\alpha_n \text{ は実数}$$

$$U^{-1}B_nU = \begin{pmatrix} i\beta_1 & & 0 \\ & \ddots & \\ 0 & & i\beta_n \end{pmatrix}, \ \beta_1,\cdots,\beta_n \text{ は実数}$$

となる. したがって, $M_n = A_n + B_n$ より

$$U^{-1}M_nU = \begin{pmatrix} \alpha_1+i\beta_1 & & 0 \\ & \ddots & \\ 0 & & \alpha_n+i\beta_n \end{pmatrix}$$

となる．よって，練習問題2(1)に注意すると

$$\prod_{k=1}^{n}(s-(\alpha_k+i\beta_k)) = Z_{Mn}(s)$$

$$= \prod_{k=1}^{n}\left(s-\left(\cos\left(\frac{2k\pi}{n}\right)+i\cdot\sin\left(\frac{2k\pi}{n}\right)\right)\right)$$

が成立する．したがって，ある置換 $\sigma \in S_n$ によって

$$\cos\left(\frac{2k\pi}{n}\right)+i\cdot\sin\left(\frac{2k\pi}{n}\right) = \alpha_{\sigma(k)}+i\beta_{\sigma(k)}$$

となる．よって

$$\begin{cases} \alpha_{\sigma(k)} = \cos\left(\frac{2k\pi}{n}\right), \\ \beta_{\sigma(k)} = \sin\left(\frac{2k\pi}{n}\right) \end{cases}$$

である．

このようにして，

$$Z_{An}(s) = \prod_{k=1}^{n}(s-\alpha_k)$$

$$= \prod_{k=1}^{n}(s-\alpha_{\sigma(k)})$$

$$= \prod_{k=1}^{n}\left(s-\cos\left(\frac{2k\pi}{n}\right)\right),$$

$$Z_{Bn}(s) = \prod_{k=1}^{n}(s-i\beta_k)$$

$$= \prod_{k=1}^{n}(s-i\beta_{\sigma(k)})$$

$$= \prod_{k=1}^{n}\left(s-i\cdot\sin\left(\frac{2k\pi}{n}\right)\right)$$

がわかる． (証明終)

別の方法も書いておこう．単行本

黒川信重『零点問題集：ゼータ入門』現代数学社，2019 年（『現代数学』2018 年 4 月号〜2019 年 3 月号連載）

の第 9 話「固有値と零点」の 141 ページに

$$\det(sE_n - {}^tB_n) = \prod_{k=1}^{n}\left(s - i \cdot \sin\left(\frac{2k\pi}{n}\right)\right)$$

が証明されている．したがって，

$$Z_{B_n}(s) = \det({}^t(sE_n - B_n))$$
$$= \det(sE_n - {}^tB_n)$$
$$= \prod_{k=1}^{n}\left(s - i \cdot \sin\left(\frac{2k\pi}{n}\right)\right)$$

となり，(2) がわかる．(1) も (2) と全く同様の方法で示すことができる．

応用として，n 変数の 2 次形式

$$f_n(x_1, \cdots, x_n) = x_1x_2 + x_2x_3 + \cdots + x_{n-1}x_n + x_nx_1$$

を考える（ここでも，$n \geqq 3$ とする）．これは，実対称行列 A_n に対応する 2 次形式である：

$$f_n(x_1, \cdots, x_n) = (x_1 \cdots x_n)A_n\begin{pmatrix} x_1 \\ \vdots \\ x_n \end{pmatrix}.$$

練習問題 5　実数 $x_1, \cdots, x_n$ が $x_1^2 + \cdots + x_n^2 = 1$ をみたして動くとき

$$f_n(x_1, \cdots, x_n) = x_1x_2 + x_2x_3 + \cdots + x_{n-1}x_n + x_nx_1$$

の最大値と最小値を求めよ．

解答　『線形代数』の一般論から，求める最大値と最小値は A_n の最大固有値と最小固有値である．一方，A_n の固有値は $Z_{A_n}(s)$ の零点であり，定理 2 (1) より

$$\left\{\cos\left(\frac{2k\pi}{n}\right)\ \middle|\ k=1,\cdots,n\right\}$$

とわかる．したがって，最大値は $k=n$ のときの 1 である．また，最小値は，偶数 n に対しては $k=\frac{n}{2}$ のときの -1 であり，奇数 n に対しては $k=\frac{n+1}{2}$ のときの $-\cos\left(\frac{\pi}{n}\right)$ である．

（解答終）

　なお，コーシー・シュワルツの不等式を用いることにより

$$|x_1x_2+\cdots+x_{n-1}x_n+x_nx_1|\leqq\sqrt{x_1^2+\cdots+x_n^2}\sqrt{x_2^2+\cdots+x_n^2+x_1^2}=1$$

はわかる．とくに，$x_1=\cdots=x_n=\frac{1}{\sqrt{n}}$ とすれば最大値が 1 であることが確認できる．さらに，n が偶数のときには，たとえば，$x_k=\frac{(-1)^{k-1}}{\sqrt{n}}\ (k=1,\cdots,n)$ とすることによって，最小値が -1 であることもわかる．ただし，n が奇数のときの最小値が $-\cos\left(\frac{\pi}{n}\right)$ となることは，コーシー・シュワルツの不等式からは難しい．

練習問題6　$n\geqq3$ のとき，次を示せ．

(1) $\displaystyle\sum_{k=1}^{n}\cos^2\left(\frac{2k\pi}{n}\right)=\frac{n}{2}$.

(2) $\displaystyle\sum_{k=1}^{n}\sin^2\left(\frac{2k\pi}{n}\right)=\frac{n}{2}$.

解答

(1) 定理2の(1)より A_n の固有値は

$$\left\{\cos\left(\frac{2k\pi}{n}\right)\ \middle|\ k=1,\cdots,n\right\}$$

なので，A_n^2 の固有値は

$$\left\{\cos^2\left(\frac{2k\pi}{n}\right)\ \middle|\ k=1,\cdots,n\right\}$$

となる．したがって，

$$\sum_{k=1}^{n}\cos^2\left(\frac{2k\pi}{n}\right)=\mathrm{trace}(A_n^2)$$

である．そこで，練習問題 4 (2) を用いると，

$$\sum_{k=1}^{n}\cos^2\left(\frac{2k\pi}{n}\right)=\frac{n}{2}$$

となる．

(2) 定理 2 (2) より B_n の固有値は

$$\left\{i\cdot\sin\left(\frac{2k\pi}{n}\right)\ \middle|\ k=1,\cdots,n\right\}$$

なので，B_n^2 の固有値は

$$\left\{-\sin^2\left(\frac{2k\pi}{n}\right)\ \middle|\ k=1,\cdots,n\right\}$$

となる．したがって，

$$-\sum_{k=1}^{n}\sin^2\left(\frac{2k\pi}{n}\right)=\mathrm{trace}(B_n^2).$$

よって，練習問題 4 (4) から

$$\sum_{k=1}^{n}\sin^2\left(\frac{2k\pi}{n}\right)=\frac{n}{2}$$

とわかる．　　　　　　　　　　　　　　　　　（証明終）

　　ここでは，固有値との関係を主眼としたので，上のように解いたのであるが, (2) は (1) からすぐわかる:

$$\sum_{k=1}^{n} \sin^2\left(\frac{2k\pi}{n}\right) = \sum_{k=1}^{n}\left\{1 - \cos^2\left(\frac{2k\pi}{n}\right)\right\}$$

$$= n - \sum_{k=1}^{n} \cos^2\left(\frac{2k\pi}{n}\right)$$

$$= n - \frac{n}{2}$$

$$= \frac{n}{2}.$$

また，次の練習問題のように，固有値解釈を用いなくとも計算することができる．

練習問題7　$n = 1, 2, 3, \cdots$ とする．次の等式が成立する n をすべて求めよ．

(1) $\displaystyle\sum_{k=1}^{n} \cos\left(\frac{4k\pi}{n}\right) = 0.$

(2) $\displaystyle\sum_{k=1}^{n} \cos^2\left(\frac{2k\pi}{n}\right) = \sum_{k=1}^{n} \sin^2\left(\frac{2k\pi}{n}\right) = \frac{n}{2}.$

解答

(1) $\alpha = \exp\left(\dfrac{4\pi i}{n}\right) = \cos\left(\dfrac{4\pi}{n}\right) + i \cdot \sin\left(\dfrac{4\pi}{n}\right)$

とおくと

$$\sum_{k=1}^{n} \alpha^k = \sum_{k=1}^{n}\left\{\cos\left(\frac{4k\pi}{n}\right) + i \cdot \sin\left(\frac{4k\pi}{n}\right)\right\}$$

$$= \sum_{k=1}^{n} \cos\left(\frac{4k\pi}{n}\right) + i\sum_{k=1}^{n} \sin\left(\frac{4k\pi}{n}\right)$$

である．まず，$n \geqq 3$ のときを考える．このとき $\alpha \neq 1$ であるから

$$\sum_{k=1}^{n} \alpha^k = \alpha\frac{1 - \alpha^n}{1 - \alpha}$$

となるので，$\alpha^n = 1$ より

$$\sum_{k=1}^{n} \cos\left(\frac{4k\pi}{n}\right) = \sum_{k=1}^{n} \sin\left(\frac{4k\pi}{n}\right) = 0$$

がわかる．一方，$n = 1, 2$ のときは

$$\sum_{k=1}^{n} \cos\left(\frac{4k}{n}\pi\right) = \begin{cases} 1 & \cdots \ n = 1, \\ 2 & \cdots \ n = 2 \end{cases}$$

であり，不成立である．

よって，(1) が成立 $\iff n \geqq 3$.

(2) 2倍角の公式から

$$\cos^2\left(\frac{2k\pi}{n}\right) = \frac{1}{2}\left\{1 + \cos\left(\frac{4k\pi}{n}\right)\right\},$$

$$\sin^2\left(\frac{2k\pi}{n}\right) = \frac{1}{2}\left\{1 - \cos\left(\frac{4k\pi}{n}\right)\right\}$$

となる．したがって，

$$\sum_{k=1}^{n} \cos^2\left(\frac{2k\pi}{n}\right) = \sum_{k=1}^{n} \sin^2\left(\frac{2k\pi}{n}\right) = \frac{n}{2}$$

$$\iff \sum_{k=1}^{n} \cos\left(\frac{4k\pi}{n}\right) = 0$$

$$\iff n \geqq 3$$

である． （解答終）

5.4 拡張

拡張した問題を考えることは，どんなときでも心掛けるべきことであり，そうすることによって，核心を見ることも可能になる．

宿 題

置換 $\sigma \in S_n$ をとる. 実数 $x_1, \cdots, x_n$ が $x_1^2 + \cdots + x_n^2 = 1$ をみたして動くとき, 2次形式 $\displaystyle\sum_{k=1}^{n} x_k x_{\sigma(k)}$ の最大値と最小値を求めよ.

ヒントとして例を2つ挙げておこう（解答は次章）.

例1 練習問題5は

$$\sigma = \begin{pmatrix} 1 & 2 & \cdots & n-1 & n \\ 2 & 3 & \cdots & n & 1 \end{pmatrix} = (1 \ 2 \ \cdots \ n)$$

のときであった.

例2 $$\sigma = \begin{pmatrix} 1 & 2 & \cdots & n-1 & n \\ n & n-1 & \cdots & 2 & 1 \end{pmatrix}$$

のときを考えると, 2次形式は

$$\sum_{k=1}^{n} x_k x_{\sigma(k)} = \sum_{k=1}^{n} x_k x_{n+1-k}$$

であって, 対応する n 次実対称行列は

$$A = \begin{pmatrix} O & & 1 \\ & \diagup & \\ 1 & & O \end{pmatrix}$$

となる. このときには,

$$Z_A(s) = \det(sE_n - A) = (s-1)^{[\frac{n+1}{2}]}(s+1)^{[\frac{n}{2}]}$$

となることがわかる. したがって, 最大値は1であり, それを与える $x_1, \cdots, x_n$ はたとえば

$$x_1 = \cdots = x_n = \frac{1}{\sqrt{n}}$$

である. また, 最小値は $n=1$ のときは1である. $n \geqq 2$ のときは, 最小値は -1 であり, それを与える $x_1, \cdots, x_n$ の例は, n が

偶数のときは

$$x_k = \frac{(-1)^{k-1}}{\sqrt{n}} \quad (k = 1, \cdots, n),$$

n が奇数のときは

$$x_k = \begin{cases} \dfrac{(-1)^{k-1}}{\sqrt{n-1}} & \cdots\cdots \ k = 1, \cdots, \dfrac{n-1}{2} \\ 0 & \cdots\cdots \ k = \dfrac{n+1}{2} \\ \dfrac{(-1)^k}{\sqrt{n-1}} & \cdots\cdots \ k = \dfrac{n+3}{2}, \cdots, n \end{cases}$$

である．なお，この例のときは $m = 1, 2, 3, \cdots$ に対して A^m の跡は

$$\mathrm{trace}(A^m) = \begin{cases} n & \cdots\cdots \ m は偶数, \\ 1 & \cdots\cdots \ m は奇数, \ n は奇数 \\ 0 & \cdots\cdots \ m は奇数, \ n は偶数 \end{cases}$$

となっている．

　たましいも拡張したいものである．

第6章
動く遺伝子

　ゼータとは行列式表示を持っているもののことであり，それ以上でもそれ以下でもない．地球で言えば，生きものとは遺伝子を持っているもののことであり，それ以上でもそれ以下でもない，となる．このことは，これまで読んでこられた読者には明らかになっているはずであるが，改めてこの点を確認しておこう．

　現在のレベルの地球生物学では，「生物」をめぐって，その他の条件を付けて制限する議論があり，ゼータでも同様であって，どちらも行き詰まっていることは有名である．本当は一元体 $\mathbb{F}_1$ 上のゼータ関数論である絶対ゼータ関数論が従来のゼータ関数論を先導する．ウイルス（2020 年から世界的なパンデミックとなり猛威を振るった新型コロナウイルス SARS–CoV–2 は RNA ウイルスの典型である）は「生物」に入れないのが「地球生物学」では伝統的であるが，遺伝子がウイルスで動くことを見ていても，それでは無理なことがわかる．絶対ゼータやウイルスを異物扱いしている限り，先は見えて来ないのである．つまり，絶対ゼータがゼータの起源であり，RNA ワールドのウイルスが生物の起源なのである．

6.1　動く遺伝子

　生物が遺伝子を持っていることは，メンデルによるエンドウ

の交配遺伝実験（1865 年）によって有名になり，その後百年ほ
どで，遺伝子は DNA あるいは RNA の情報であると確定した
（ワトソンとクリック，1953 年に論文発表，1962 年にノーベル
賞）．さらに，遺伝子が動くことも，マクリントックが1950 年
頃のトウモロコシの交配実験で発見し，1983 年にノーベル賞を
受賞した．それは偏見と無理解に対決する苦闘の歴史だった．
さらに，21 世紀に入って遺伝子を運ぶウイルス起源のオルガネ
ラである GTA（gene transfer agent）の研究も進んでいる：

　　中屋敷　均『ウイルスは生きている』講談社現代新書，2016
　　年．

ウイルス論は，オランダのベイエリンク（1851 年 3 月 16 日
– 1931 年 1 月 1 日）がタバコモザイクウイルスの画時代的な研
究から得た「生命を持った感染性の液体」という生命体像から
現代ウイルス論へと大発展している．ウイルスと言うと，病気
をもたらすイメージが先行してしまっているが，たとえば，母
胎内で胎児を母体の免疫機構からの攻撃から守っている「シン
シチン」はウイルス由来の遺伝子に起源をもっている．つまり，
ウイルスのおかげで人間は生きてきたのである：上揚書第 4 章
参照．
　見て親しめる「ウイルス眼鏡」を発明したいものである．

6.2　固有値の動き三通り

　動く遺伝子をゼータで考えてみると，固有値（ゼータにおい
て表面に現われるのは零点・極）の動きを見ることになる．
　そこで，行列 A と B が与えられたとき，A の固有値 α と B
の固有値 β に対して，新たな行列 C の固有値 γ への関係を調べ
てみよう．わかりやすい仕組みは三通りが考えられる：

（Ⅰ） $C = A \oplus B$ ：直和，

（Ⅱ） $C = A \, ☆ \, B$ ：クロネッカー・テンソル和，

（Ⅲ） $C = A + B$ ：和．

この他にも，$C = A \otimes B$（クロネッカー・テンソル積）もある
が，それについては（Ⅱ）で解説しよう．ちなみに，（Ⅰ）（Ⅱ）
（Ⅲ）とも 2 個以上の行列の場合の

（Ⅰ*） $A_1 \oplus A_2 \oplus \cdots \oplus A_r$，

（Ⅱ*） $A_1 ☆ A_2 ☆ \cdots ☆ A_r$，

（Ⅲ*） $A_1 + A_2 + \cdots + A_r$

も全く同様である．

6.3 直和

m 次行列 A，n 次行列 B が与えられたとき，直和とは $m + n$
次行列

$$A \oplus B = \left(\begin{array}{c|c} A & O \\ \hline O & B \end{array} \right)$$

のことである．このときは，

$$
\begin{aligned}
Z_{A \oplus B}(s) &= \det(sE_{m+n} - (A \oplus B)) \\
&= \det\left(\begin{array}{c|c} sE_m - A & O \\ \hline O & sE_n - B \end{array} \right) \\
&= \det(sE_m - A)\det(sE_n - B) \\
&= Z_A(s)Z_B(s)
\end{aligned}
$$

となる．

固有値を用いて具体的に書けば，$Z_A(s) = \prod_{k=1}^{m}(s-\alpha_k)$,

$\alpha_1, \cdots, \alpha_m$ は A の固有値，$Z_B(s) = \prod_{\ell=1}^{n}(s-\beta_\ell)$，$\beta_1, \cdots, \beta_n$ は B の固有値のとき

$$Z_{A \oplus B}(s) = \prod_{k=1}^{m}(s-\alpha_k) \cdot \prod_{\ell=1}^{n}(s-\beta_\ell)$$

となり，$A \oplus B$ の固有値とは $\alpha_1, \cdots, \alpha_m, \beta_1, \cdots, \beta_n$ である．固有値全体を表す $\mathrm{Spect}(A), \mathrm{Spect}(B), \mathrm{Spect}(A \oplus B)$ を使うと，

$$\mathrm{Spect}(A \oplus B) = \mathrm{Spect}(A) \sqcup \mathrm{Spect}(B)$$

となる．つまり，ゼータのレベルでは積となり，固有値のレベル（零点のレベル）では合併である．また，跡を求めると和

$$\mathrm{trace}(A \oplus B) = \mathrm{trace}(A) + \mathrm{trace}(B)$$

となる．

例　実数 a, b に対して

$$A = \begin{pmatrix} 0 & -a \\ a & 0 \end{pmatrix}, \ B = \begin{pmatrix} 0 & -b \\ b & 0 \end{pmatrix}$$

とすると

$$A \oplus B = \begin{pmatrix} 0 & -a & 0 & 0 \\ a & 0 & 0 & 0 \\ 0 & 0 & 0 & -b \\ 0 & 0 & b & 0 \end{pmatrix}$$

であり，

$$Z_A(s) = s^2 + a^2,$$
$$Z_B(s) = s^2 + b^2,$$
$$Z_{A \oplus B}(s) = (s^2 + a^2)(s^2 + b^2)$$

より

$$\mathrm{Spect}(A) = \{ia, -ia\},$$
$$\mathrm{Spect}(B) = \{ib, -ib\},$$
$$\mathrm{Spect}(A \oplus B) = \{ia, -ia, ib, -ib\}$$

となる．なお，このときは関数等式

$$Z_A(-s) = Z_A(s),$$
$$Z_B(-s) = Z_B(s),$$
$$Z_{A \oplus B}(-s) = Z_{A \oplus B}(s)$$

も，リーマン予想対応物

$$\mathrm{Spect}(A) \subset i\mathbb{R},$$
$$\mathrm{Spect}(B) \subset i\mathbb{R},$$
$$\mathrm{Spect}(A \oplus B) \subset i\mathbb{R}$$

も成立している．また，基底を取り替えた行列表示にあたる

$$(A \oplus B)' = \begin{pmatrix} 0 & 0 & 0 & -a \\ 0 & 0 & -b & 0 \\ 0 & b & 0 & 0 \\ a & 0 & 0 & 0 \end{pmatrix}$$

なども「直和」と考えるべきであるが，ここでは深入りはしない．

6.4 クロネッカー・テンソル和

A を m 次行列，B を n 次行列とするとき，クロネッカー・テンソル積とは mn 次の行列

$$A \otimes B = (a_{ij}B)_{i, j=1, \cdots, m} = \begin{pmatrix} a_{11}B & \cdots & a_{1m}B \\ \vdots & & \vdots \\ a_{m1}B & \cdots & a_{mm}B \end{pmatrix}$$

のことである．ここで，$A = (a_{ij})_{i, j=1, \cdots, m}$ とする．また，クロネッカー・テンソル和とは mn 次の行列

$$A \,\, ☆ \,\, B = A \otimes E_n + E_m \otimes B$$

のことである．

固有値の動き方の基本性質は次の通りである.

定理 1

$$Z_A(s) = \prod_{k=1}^{m} (s - \alpha_k), \ Z_B(s) = \prod_{\ell=1}^{n} (s - \beta_\ell)$$

としたとき $Z_{A \otimes B}(s)$ と $Z_{A \star B}(s)$ の公式 :

(1)　$Z_{A \otimes B}(s) = \prod_{k=1}^{m} \prod_{\ell=1}^{n} (s - \alpha_k \beta_\ell).$

　つまり,

　　$\mathrm{Spect}(A \otimes B) = \{\alpha\beta \,|\, \alpha \in \mathrm{Spect}(A), \ \beta \in \mathrm{Spect}(B)\}.$

(2)　$Z_{A \star B}(s) = \prod_{k=1}^{m} \prod_{\ell=1}^{n} (s - (\alpha_k + \beta_\ell)).$

　つまり,

　　$\mathrm{Spect}(A \star B) = \{\alpha + \beta \,|\, \alpha \in \mathrm{Spect}(A), \beta \in \mathrm{Spect}(B)\}.$

証明については単行本

　　黒川信重『リーマンの夢』現代数学社, 2017 年,

　　黒川信重『リーマンと数論』共立出版, 2016 年,

　　黒川信重『零和への道　ζ の十二箇月』現代数学社, 2020 年

を熟読されたい. ちなみに跡を求めると

$$\mathrm{trace}(A \otimes B) = \mathrm{trace}(A)\mathrm{trace}(B),$$
$$\mathrm{trace}(A \star B) = n \cdot \mathrm{trace}(A) + m \cdot \mathrm{trace}(B)$$

となる.

練習問題 1　実交代行列 $A = \begin{pmatrix} 0 & -a \\ a & 0 \end{pmatrix}$,

$B = \begin{pmatrix} 0 & -b \\ b & 0 \end{pmatrix}$ に対して, 実対称行列 $A \otimes B$ と実交代行列

$A \star B$ の固有値を計算せよ.

解 答

$$A \otimes B = \begin{pmatrix} 0 & 0 & 0 & ab \\ 0 & 0 & -ab & 0 \\ 0 & -ab & 0 & 0 \\ ab & 0 & 0 & 0 \end{pmatrix},$$

$$A \,\bigstar\, B = \begin{pmatrix} 0 & -b & -a & 0 \\ b & 0 & 0 & -a \\ a & 0 & 0 & -b \\ 0 & a & b & 0 \end{pmatrix}$$

より,

$$Z_{A \otimes B}(s) = (s-ab)^2(s+ab)^2,$$

$$\mathrm{Spect}\,(A \otimes B) = \{ab, ab, -ab, -ab\},$$

$$Z_{A \bigstar B}(s) = (s^2+(a+b)^2)(s^2+(a-b)^2),$$

$$\mathrm{Spect}\,(A \bigstar B) = \{i(a+b), -i(a+b), i(a-b), -i(a-b)\}$$

となる. **（解答終）**

ここには, 二種類の交配が起こっている：

$$\begin{pmatrix} ia \\ -ia \end{pmatrix} \otimes \begin{pmatrix} ib \\ -ib \end{pmatrix} = \begin{pmatrix} -ab \\ ab \\ ab \\ -ab \end{pmatrix}$$

$$\begin{pmatrix} ia \\ -ia \end{pmatrix} \bigstar \begin{pmatrix} ib \\ -ib \end{pmatrix} = \begin{pmatrix} i(a+b) \\ i(a-b) \\ i(-a+b) \\ i(-a-b) \end{pmatrix}$$

なお, $A \bigstar B$ は黒川テンソル積の核心である（上記の本を参照されたい）.

6.5 和

n 次行列 $A = (a_{ij})$, $B = (b_{ij})$ に対して和とは通常通り

$A+B=(a_{ij}+b_{ij})$ のことである.

定理2 A と B が可換 $(AB=BA)$ のとき,
$$Z_A(s)=\prod_{k=1}^{n}(s-\alpha_k),\ Z_B(s)=\prod_{k=1}^{n}(s-\beta_k)$$
とすると
$$Z_{A+B}(s)=\prod_{k=1}^{n}(s-(\alpha_k+\beta_k))$$
となるように固有値 $\alpha_1,\cdots,\alpha_n$ と $\beta_1,\cdots,\beta_n$ の順番を付けることができる.こうしたときに $A+B$ の固有値は
$$\mathrm{Spect}(A+B)=\{\alpha_k+\beta_k\,|\,k=1,\cdots,n\}$$
である.また,跡は
$$\mathrm{trace}(A+B)=\mathrm{trace}(A)+\mathrm{trace}(B)$$
である.

注意 任意に順番付けをしたときに
$$Z_A(s)=\prod_{k=1}^{n}(s-\alpha_k),$$
$$Z_B(s)=\prod_{k=1}^{n}(s-\beta_k)$$
から
$$Z_{A+B}(s)=\prod_{k=1}^{n}(s-(\alpha_k+\beta_k))$$
が成立するわけではない(証明後の例参照).

証明 A と B は可換なのでユニタリ行列 U によって同時上三角化可能である:

$$U^{-1}AU = \begin{pmatrix} \alpha_1 & & * \\ & \ddots & \\ O & & \alpha_n \end{pmatrix},$$

$$U^{-1}BU = \begin{pmatrix} \beta_1 & & * \\ & \ddots & \\ O & & \beta_n \end{pmatrix}.$$

したがって,

$$U^{-1}(A+B)U = \begin{pmatrix} \alpha_1+\beta_1 & & * \\ & \ddots & \\ O & & \alpha_n+\beta_n \end{pmatrix}$$

となる. よって,

$$Z_A(s) = \prod_{k=1}^{n}(s-\alpha_k),$$

$$Z_B(s) = \prod_{k=1}^{n}(s-\beta_k),$$

$$Z_{A+B}(s) = \prod_{k=1}^{n}(s-(\alpha_k+\beta_k))$$

が成立する. **(証明終)**

例 1 $A = \begin{pmatrix} 0 & 1 \\ -1 & 0 \end{pmatrix}$, $B = \begin{pmatrix} 0 & -1 \\ 1 & 0 \end{pmatrix} = -A = {}^tA = A^{-1}$ のとき,

$AB = E_2 = BA$ であり, $A+B = \begin{pmatrix} 0 & 0 \\ 0 & 0 \end{pmatrix}$ となる. よって, $Z_A(s) = s^2+1 = Z_B(s)$, $Z_{A+B}(s) = s^2$, $\mathrm{Spect}(A) = \{i, -i\}$, $\mathrm{Spect}(B) = \{-i, i\}$ となるので $\mathrm{Spect}(A+B) = \{0, 0\} = \{i+(-i), (-i)+i\}$ となる. これは, $\alpha_1 = i$, $\alpha_2 = -i$, $\beta_1 = -i$, $\beta_2 = i$ と順番付けしたものである. これに反して, $\alpha_1 = i$, $\alpha_2 = -i$, $\beta_1 = i$, $\beta_2 = -i$ とすると, $\mathrm{Spect}(A) = \mathrm{Spect}(B) = \{i, -i\}$ に対して $\mathrm{Spect}(A+B) = \{0, 0\} \neq \{2i, -2i\} = \{i+i, (-i)+(-i)\} = \{\alpha_1+\beta_1, \alpha_2+\beta_2\}$ となっていて, 固有値の順番付けが肝心なことがわかる.

例2　$A = \begin{pmatrix} 0 & 1 \\ -1 & 0 \end{pmatrix}$, $B = \begin{pmatrix} 0 & 1 \\ 1 & 0 \end{pmatrix}$ のとき，$A+B = \begin{pmatrix} 0 & 2 \\ 0 & 0 \end{pmatrix}$ で

あり，$Z_A(s) = s^2 + 1$，$Z_B(s) = s^2 - 1$，$Z_{A+B}(s) = s^2$ となり，

$\mathrm{Spect}(A) = \{i, -i\}$，$\mathrm{Spect}(B) = \{1, -1\}$ を ど う 足

しても $\mathrm{Spect}(A+B) = \{0, 0\}$ にはならない．この例では，

$AB = \begin{pmatrix} 1 & 0 \\ 0 & -1 \end{pmatrix} \neq \begin{pmatrix} -1 & 0 \\ 0 & 1 \end{pmatrix} = BA$ となっていて，A と B が可換で

あることの必要性を示している．

例3　A が n 次行列のとき，$m \geqq 1$ に対して $B = A^m$ とおく．

このとき，$Z_A(s) = \prod_{k=1}^{n} (s - \alpha_k)$なら $Z_B(s) = \prod_{k=1}^{n} (s - \alpha_k^m)$ であり，

$$Z_{A+B}(s) = \prod_{k=1}^{n} (s - (\alpha_k + \alpha_k^m))$$

となる．このように，A と B の固有値を同期させることが重要
である．

6.6　置換行列からの流れ

置換 $\sigma \in S_n$ に対して，置換行列
$$M(\sigma) = (\delta_{i\sigma(j)})_{i, j = 1, \cdots, n}$$
から

$$A(\sigma) = \frac{1}{2}(M(\sigma) + {}^t M(\sigma))$$

$$B(\sigma) = \frac{1}{2}(M(\sigma) - {}^t M(\sigma))$$

を作る．ここで，$M(\sigma)$ は実直交行列なので
$${}^t M(\sigma) = M(\sigma)^{-1} = M(\sigma^{-1})$$
である．さらに，$A(\sigma)$ は実対称行列，$B(\sigma)$ は実交代行列である（${}^t A(\sigma) = A(\sigma)$, ${}^t B(\sigma) = -B(\sigma)$）．

第5章で扱った M_n, A_n, B_n は巡回置換

$$\sigma = \begin{pmatrix} 1 & 2 & 3 & \cdots & n-1 & n \\ 2 & 3 & 4 & \cdots & n & 1 \end{pmatrix} = (1 \ 2 \ \cdots \ n)$$

に対するものである：

$$M_n = M(\sigma), \ A_n = A(\sigma), \ B_n = B(\sigma).$$

練習問題2 次を求めよ.
(1) $Z_{M(\sigma)}(s)$.   (2) $Z_{A(\sigma)}(s)$.   (3) $Z_{B(\sigma)}(s)$.

解答 これらのゼータ関数は $\sigma \in S_n$ の共役類 $[\sigma]$ にしかよらないので，

$$1 \le \ell(1) \le \cdots \le \ell(r), \ \ell(1) + \cdots + \ell(r) = n$$

によって σ のサイクル型（巡回置換表示）を

$$\sigma = (1, \cdots, \ell(1))(\ell(1)+1, \cdots, \ell(1)+\ell(2)) \cdots$$
$$\cdots (\ell(1) + \cdots + \ell(r-1) + 1, \cdots, \ell(1) + \cdots + \ell(r))$$

とする．ちなみに，S_n の共役類の個数は分割数

$$p(n) = \left| \left\{ (\ell(1), \cdots, \ell(r)) \middle| \begin{array}{c} r \ge 1 \\ 1 \le \ell(1) \le \cdots \le \ell(r), \\ \ell(1) + \cdots + \ell(r) = n \end{array} \right\} \right|$$

である．

さて，σ を上の形とすると

$$M(\sigma) = \begin{pmatrix} M_1 & & O \\ & \ddots & \\ O & & M_r \end{pmatrix} = M_1 \oplus \cdots \oplus M_r,$$

$$A(\sigma) = \begin{pmatrix} A_1 & & O \\ & \ddots & \\ O & & A_r \end{pmatrix} = A_1 \oplus \cdots \oplus A_r,$$

$$B(\sigma) = \begin{pmatrix} B_1 & & O \\ & \ddots & \\ O & & B_r \end{pmatrix} = B_1 \oplus \cdots \oplus B_r$$

となる．ここで，$j = 1, \cdots, r$ に対して

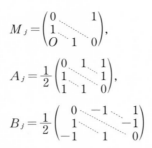

$$M_j = \begin{pmatrix} 0 & & 1 \\ 1 & & \\ O & 1 & 0 \end{pmatrix},$$

$$A_j = \frac{1}{2}\begin{pmatrix} 0 & 1 & 1 \\ 1 & & 1 \\ 1 & 1 & 0 \end{pmatrix},$$

$$B_j = \frac{1}{2}\begin{pmatrix} 0 & -1 & 1 \\ 1 & & -1 \\ -1 & 1 & 0 \end{pmatrix}$$

は各々 $\ell(j)$ 次行列である．よって，(1)(2)(3) の計算は第 5 章の定理 1 と定理 2 ——6.3 節も参照—— に帰着し，次の通り：

(1) $\displaystyle Z_{M(\sigma)}(s) = \prod_{j=1}^{r} Z_{M_j}(s)$

$$= \prod_{j=1}^{r}\left\{\prod_{k=1}^{\ell(j)}\left(s - \left(\cos\left(\frac{2k\pi}{\ell(j)}\right) + i \cdot \sin\left(\frac{2k\pi}{\ell(j)}\right)\right)\right)\right\}.$$

(2) $\displaystyle Z_{A(\sigma)}(s) = \prod_{j=1}^{r} Z_{A_j}(s) = \prod_{j=1}^{r}\left\{\prod_{k=1}^{\ell(j)}\left(s - \cos\left(\frac{2k\pi}{\ell(j)}\right)\right)\right\}.$

(3) $\displaystyle Z_{B(\sigma)}(s) = \prod_{j=1}^{r} Z_{B_j}(s) = \prod_{j=1}^{r}\left\{\prod_{k=1}^{\ell(j)}\left(s - i \cdot \sin\left(\frac{2k\pi}{\ell(j)}\right)\right)\right\}.$

（解答終）

　本問において，$A(\sigma)$ と $B(\sigma)$ は可換であり，

$$M(\sigma) = A(\sigma) + B(\sigma)$$

となっているので，$M(\sigma)$ の固有値が $A(\sigma)$ の固有値と $B(\sigma)$ の固有値の和として上述の順番通り得られていることは定理 2 の例となっている．

6.7　宿題の解答

　前節の結果を用いて第 5 章で提出しておいた宿題を解くことにしよう．問題は，$\sigma \in S_n$ に対して実数変数 $x_1, \cdots, x_n$ の 2 次形

式

$$f_\sigma(x_1, \cdots, x_n) = \sum_{k=1}^{n} x_k x_{\sigma(k)}$$

が条件 $x_1^2 + \cdots + x_n^2 = 1$ の下で取り得る最大値と最小値を求める
ことであった．これは

$$f_\sigma(x_1, \cdots, x_n) = (x_1, \cdots, x_n) A(\sigma) \begin{pmatrix} x_1 \\ \vdots \\ x_n \end{pmatrix}$$

となっていることから，求める最大値と最小値は $A(\sigma)$ の最大固
有値と最小固有値とわかる．したがって，計算結果（練習問題
2（2））より，最大固有値は $A_1, \cdots, A_r$ の固有値の最大値 1 とわ
かる．最小固有値は $A_1, \cdots, A_r$ の固有値の最小値である．した
がって，$\ell(1), \cdots, \ell(r)$ の中に偶数が存在するとき（つまり，σ の
位数が偶数のとき）は -1 であり，$\ell(1), \cdots, \ell(r)$ がすべて奇数の
とき（つまり，σ の位数が奇数のとき）は $-\cos\left(\dfrac{\pi}{\ell(r)}\right)$ である．
これで，宿題が解けた．

6.8 和ひとつ

　和の例をひとつやっておこう（第 5 章の練習問題 2 と定理 2
参照）．$n \geqq 3$ に対して，n 次実直交行列

$$M = \begin{pmatrix} 0 & & -1 \\ 1 & & \\ O & 1 & 0 \end{pmatrix},$$

n 次実対称行列

$$A = \frac{1}{2}(M + {}^t M) = \frac{1}{2}\begin{pmatrix} 0 & 1 & -1 \\ 1 & & 1 \\ -1 & 1 & 0 \end{pmatrix},$$

n 次実交代行列

$$B = \frac{1}{2}(M - {}^t M) = \frac{1}{2}\begin{pmatrix} 0 & -1 & -1 \\ 1 & & -1 \\ 1 & 1 & 0 \end{pmatrix},$$

を考える：$M = A + B$ である．

練習問題 3　次を示せ．

(1) $Z_M(s) = \det(sE_n - M)$

$$= \prod_{k=1}^{n}\left(s - \left(\cos\left(\frac{2k-1}{n}\pi\right) + i\cdot\sin\left(\frac{2k-1}{n}\pi\right)\right)\right).$$

(2) $Z_A(s) = \det(sE_n - A)$

$$= \prod_{k=1}^{n}\left(s - \cos\left(\frac{2k-1}{n}\pi\right)\right).$$

(3) $Z_B(s) = \det(sE_n - B)$

$$= \prod_{k=1}^{n}\left(s - i\cdot\sin\left(\frac{2k-1}{n}\pi\right)\right).$$

解答

(1) $Z_M(s) = \det\begin{pmatrix} s & & 1 \\ -1 & & \\ O & -1 & s \end{pmatrix}$

を 1 行に関して展開すると

$$Z_M(s) = s\cdot\det\begin{pmatrix} s & & O \\ -1 & & \\ O & -1 & s \end{pmatrix} + (-1)^{n+1}\cdot\det\begin{pmatrix} -1 & s & O \\ & & s \\ O & & -1 \end{pmatrix}$$

$$= s\cdot s^{n-1} + (-1)^{n+1}\cdot(-1)^{n-1}$$

$$= s^n + 1$$

$$= \prod_{k=1}^{n}\left(s - \left(\cos\left(\frac{2k-1}{n}\pi\right) + i\cdot\sin\left(\frac{2k-1}{n}\pi\right)\right)\right)$$

となる．

(2)(3) A は実対称行列，B は実交代行列であり，しかも A と B は可換である（一般化した形では 6.9 節を参照）．したがって，A と B はあるユニタリ行列 U によって同時対角化可能であり

$$U^{-1}AU = \begin{pmatrix} \alpha_1 & & O \\ & \ddots & \\ O & & \alpha_n \end{pmatrix}, \ \alpha_1, \cdots, \alpha_n \ \text{は実数},$$

$$U^{-1}BU = \begin{pmatrix} i\beta_1 & & O \\ & \ddots & \\ O & & i\beta_n \end{pmatrix}, \ \beta_1, \cdots, \beta_n \ \text{は実数}$$

となる．このとき

$$U^{-1}MU = U^{-1}AU + U^{-1}BU$$

$$= \begin{pmatrix} \alpha_1 + i\beta_1 & & O \\ & \ddots & \\ O & & \alpha_n + i\beta_n \end{pmatrix}$$

より

$$Z_M(s) = \prod_{k \sim 1}^{n} (s - (\alpha_k + i\beta_k))$$

となる．一方，(1) より

$$Z_M(s) = \prod_{k=1}^{n} \left(s - \left(\cos\left(\frac{2k-1}{n}\pi\right) + i \cdot \sin\left(\frac{2k-1}{n}\pi\right) \right) \right)$$

であるから，ある $\sigma \in S_n$ に対して

$$\alpha_{\sigma(k)} + i\beta_{\sigma(k)} = \cos\left(\frac{2k-1}{n}\pi\right) + i \cdot \sin\left(\frac{2k-1}{n}\pi\right)$$

が成立する $(k = 1, \cdots, n)$．したがって

$$\begin{cases} \alpha_{\sigma(k)} = \cos\left(\dfrac{2k-1}{n}\pi\right), \\ \beta_{\sigma(k)} = \sin\left(\dfrac{2k-1}{n}\pi\right) \end{cases}$$

である．よって，

$$Z_A(s) = \prod_{k=1}^{n} (s - \alpha_k)$$

$$= \prod_{k=1}^{n} (s - \alpha_{\sigma(k)})$$

$$= \prod_{k=1}^{n} \left(s - \cos\left(\frac{2k-1}{n}\pi\right) \right)$$

となり，

$$Z_B(s) = \prod_{k=1}^{n}(s - i \cdot \beta_k)$$

$$= \prod_{k=1}^{n}(s - i \cdot \beta_{\sigma(k)})$$

$$= \prod_{k=1}^{n}\left(s - i \cdot \sin\left(\frac{2k-1}{n}\pi\right)\right)$$

となる. **（解答終）**

跡の計算

$$\mathrm{trace}(A^2) = -\mathrm{trace}(B^2) = \frac{n}{2}$$

もやって欲しい. 練習問題 3 の応用も一つ書いておこう.

練習問題 4　実数 $x_1, \cdots, x_n$ が $x_1^2 + \cdots + x_n^2 = 1$ をみたして動くとき, $x_1x_2 + x_2x_3 + \cdots + x_{n-1}x_n - x_nx_1$ の最大値と最小値を求めよ. ただし, $n \geqq 3$ とする.

解答　上の行列 A に対して

$$x_1x_2 + x_2x_3 + \cdots + x_{n-1}x_n - x_nx_1 = (x_1, \cdots, x_n)A\begin{pmatrix} x_1 \\ \vdots \\ x_n \end{pmatrix}$$

となっているので, 求める最大値と最小値は A の最大固有値と最小固有値である. 練習問題 3 (2) より, A の固有値全体は

$$\mathrm{Spect}(A) = \left\{\cos\left(\frac{2k-1}{n}\pi\right) \,\middle|\, k = 1, \cdots, n\right\}$$

であるから, 最大固有値は $k=1$ のときの $\cos\left(\frac{\pi}{n}\right)$ となる. また, 最小固有値は, n が奇数のときは $k = \frac{n+1}{2}$ のときの -1 であり, n が偶数のときは $k = \frac{n}{2}$ のときの $-\cos\left(\frac{\pi}{n}\right)$ となる.

よって, 求める最大値は 1 であり, 最小値は

$$\begin{cases} -1 & \cdots\cdots\ n\text{は奇数}, \\ -\cos\left(\dfrac{\pi}{n}\right) & \cdots\cdots\ n\text{は偶数} \end{cases}$$

である. **（解答終）**

この問題については

黒川信重『零点問題集：ゼータ入門』現代数学社，2019 年
の 9.4 節を参照されたい．そこには，

$$Z_A(s)=\prod_{k=1}^{n}\left(s-\cos\left(\frac{2k-1}{n}\pi\right)\right)$$

となることの練習問題 3（2）の解答とは全く別の証明も与えて
ある．

6.9 可換条件

n 次実行列 M に対して

$$A=\frac{1}{2}(M+{}^tM),\quad B=\frac{1}{2}(M-{}^tM)$$

とするとき，A と B が可換となる状況を見てきたが，ここでは，
一般的に考えてみよう．

練習問題 5　次は同値であることを示せ．
（1）A と B は可換．
（2）M は正規．

解 答　n 次実行列 M が正規とは

$$ {}^tM\cdot M=M\cdot{}^tM$$

であるから，$M=A+B$ を代入すると条件は

$$({}^tA+{}^tB)(A+B)=(A+B)({}^tA+{}^tB)$$

となる．ここで，${}^tA = A$, ${}^tB = -B$ を使うと，

M が正規

$\Leftrightarrow (A-B)(A+B) = (A+B)(A-B)$

$\Leftrightarrow A^2 - B^2 + (AB - BA) = A^2 - B^2 - (AB - BA)$

$\Leftrightarrow AB - BA = 0$ （つまり，$[A, B] = 0$）

$\Leftrightarrow AB = BA$

となる．したがって，(1) $\Leftrightarrow$ (2) が成立する．

（解答終）

例1　置換 $\sigma \in S_n$ に対して置換行列 $M(\sigma) = (\delta_{i\sigma(j)})$ は正規（実直交行列）なので，練習問題2の $A(\sigma)$ と $B(\sigma)$ は可換．

例2　$M = \begin{pmatrix} 0 & & -1 \\ 1 & & \\ 0 & 1 & 0 \end{pmatrix}$ とすると M は正規（実直交行列）なので，練習問題3の A と B は可換．

例3　$M = \begin{pmatrix} 0 & & O \\ 1 & & \\ 0 & 1 & 0 \end{pmatrix}$ は非正規 $(n \geqq 2)$ であり，

$$A = \frac{1}{2}(M + {}^tM) = \frac{1}{2}\begin{pmatrix} 0 & 1 & 0 \\ 1 & & 1 \\ 0 & 1 & 0 \end{pmatrix},$$

$$B = \frac{1}{2}(M - {}^tM) = \frac{1}{2}\begin{pmatrix} 0 & -1 & 0 \\ 1 & & -1 \\ 0 & 1 & 0 \end{pmatrix}$$

は可換ではない．このときは，

$$Z_A(s) = \prod_{k=1}^{n}\left(s - \cos\left(\frac{k\pi}{n+1}\right)\right),$$

$$Z_B(s) = \prod_{k=1}^{n}\left(s - i\cdot\cos\left(\frac{k\pi}{n+1}\right)\right),$$

$$Z_M(s) = s^n$$

であり，

$$\mathrm{Spect}(A) = \left\{ \cos\left(\frac{k\pi}{n+1}\right) \,\middle|\, k = 1, \cdots, n \right\},$$

$$\mathrm{Spect}(B) = \left\{ i \cdot \cos\left(\frac{k\pi}{n+1}\right) \,\middle|\, k = 1, \cdots, n \right\},$$

$$\mathrm{Spect}(M) = \{0, \cdots, 0\}$$

となる（『零点問題集：ゼータ入門』第9話）．この場合の跡の計算も楽しい：

$$\mathrm{trace}(A^2) = -\mathrm{trace}(B^2) = \frac{n-1}{2}.$$

また，$\mathrm{Spect}(A)$ の決定から応用も得られる：実数 $x_1, \cdots, x_n$ が条件 $x_1^2 + \cdots + x_n^2 = 1$ をみたして動くとき $(n \geq 2)$，2次形式 $x_1 x_2 + x_2 x_3 + \cdots \cdots + x_{n-1} x_n$ の取り得る最大値は A の最大固有値 $\cos\left(\frac{\pi}{n+1}\right)$ であり，最小値は A の最小固有値 $-\cos\left(\frac{\pi}{n+1}\right)$ である．この例はチェビシェフ（1821年5月16日～1894年12月8日）の発見したチェビシェフ多項式に結びついている．チェビシェフは2021年5月16日でちょうど生誕200年となった．

　ゼータの遺伝子情報である固有値——零点・極に現われている——を調べることの重要性と有用性には驚かされる．

第 7 章
連合体

　地球生物の進化において多細胞化は大きな節目であった．現在でも，緑藻のボルボックス（和名はオオヒゲマワリ）のように連合体で新しい生物に進化する様子が見えるものがある（群体と呼ばれる）．ボルボックスの場合は 2^{10} 個ほどのクラミドモナス類似体が集合していて，クラミドモナスからボルボックスへの進化は 5000 万年前頃と推定されている．

　ゼータ連合体としては，類体論に見られる L 関数の何個かの積が代数体のゼータ（デデキントゼータ）になることや，有限体のゼータの無限個の積が代数体のゼータ（リーマンゼータを含む）になるオイラー積が有名である．

　本章はボルボックスの類似を考えよう．

▌7.1　ゼータの連合体

　ゼータの積と言うと，ゼータ $Z_k(s)$ $(k = 0, 1, 2, \cdots)$ が与えられたときに

$$\prod_{k=0}^{K} Z_k(s) \quad \text{や} \quad \prod_{k=0}^{\infty} Z_k(s)$$

を考えることが，すぐに思い浮かぶ．まずは，より単純にして，一つのゼータ $Z(s)$ からのずらし積

$$Z_N^K(s) = \prod_{k=0}^{K} Z(s+kN)$$

および

$$Z_N^\infty(s) = \prod_{k=0}^{\infty} Z(s+kN)$$

を調べよう．無限個の連合体は地球生物では発見されていない
はずで，ゼータの場合ならではである．ここで，$N \geq 1$ は自然
数としておく．具体例を見て，無限積でも収束する場合をイメ
ージできるようにしよう．$Z(s)$ としては簡単な有理関数からは
じめよう．これは，地球生物ならクラミドモナスのような単細
胞生物（あるいは，それが 2^2 個集った「シアワセモ」＝「テトラ
バエナ」）やウイルスのようなものを考えて頂けばよい．

練習問題 1

$$Z(s) = \frac{(s-2)(s-3)}{(s-1)(s-4)}$$

と $K = 0, 1, 2, \cdots$ に対して次を示せ．

(1) $Z_1^K(s) = \displaystyle\prod_{k=0}^{K} Z(s+k) = \dfrac{(s-2)(s+K-3)}{(s-4)(s+K-1)}$.

(2) $Z_1^\infty(s) = \dfrac{s-2}{s-4}$.

(3) $Z_2^K(s) = \displaystyle\prod_{k=0}^{\infty} Z(s+2k) = \dfrac{(s-3)(s+2K-2)}{(s-4)(s+2K-1)}$.

(4) $Z_2^\infty(s) = \dfrac{s-3}{s-4}$.

解答

(1) $K = 0, 1, 2, \cdots$ に対する数学的帰納法を使う．$K = 0$ のとき
は

$$Z_1^0(s) = Z(s) = \frac{(s-2)(s-3)}{(s-4)(s-1)}$$

で成立している．いま，

$$Z_1^K(s) = \frac{(s-2)(s+K-3)}{(s-4)(s+K-1)}$$

が成立していたとすると

$$
\begin{aligned}
Z_1^{K+1}(s) &= Z_1^K(s)Z(s+K+1) \\
&= \frac{(s-2)(s+K-3)}{(s-4)(s+K-1)} \cdot \frac{(s+K-1)(s+K-2)}{(s+K)(s+K-3)} \\
&= \frac{(s-2)(s+K-2)}{(s-4)(s+K)}
\end{aligned}
$$

となる．したがって，すべての $K = 0, 1, 2, \cdots$ に対して成立する．

(2)　(1) において $K \to \infty$ とすると

$$\lim_{K \to \infty} \frac{s+K-3}{s+K-1} = \lim_{K \to \infty} \frac{1+\frac{s-3}{K}}{1+\frac{s-1}{K}} = 1$$

より

$$Z_1^\infty(s) = \frac{s-2}{s-4}$$

がわかる．

(3)　$K = 0, 1, 2, \cdots$ に対する数学的帰納法を使う．$K = 0$ のとき
は

$$Z_2^0(s) = Z(s) = \frac{(s-3)(s-2)}{(s-4)(s-1)}$$

で成立している．いま，

$$Z_2^K(s) = \frac{(s-3)(s+2K-2)}{(s-4)(s+2K-1)}$$

が成立していたとすると

$$Z_2^{K+1}(s) = Z_2^K(s)Z(s+2(K+1))$$

$$= \frac{(s-3)(s+2K-2)}{(s-4)(s+2K-1)} \cdot \frac{(s+2K)(s+2K-1)}{(s+2K+1)(s+2K-2)}$$

$$= \frac{(s-3)(s+2K)}{(s-4)(s+2K+1)}$$

となる．したがって，(3) がすべての $K = 0, 1, 2, \cdots$ に対して成立する．

(4) (3) において $K \to \infty$ とすると

$$\lim_{K \to \infty} \frac{s+2K-2}{s+2K-1} = \lim_{K \to \infty} \frac{1+\frac{s-2}{2K}}{1+\frac{s-1}{2K}} = 1$$

より

$$Z_2^\infty(s) = \frac{s-3}{s-4}$$

がわかる．　　　　　　　　　　　　　　　　　　　　（解答終）

　関数等式を見ておこう．

練習問題 2　次の関数等式を示せ．
(1) $Z_1^K(5-K-s) = Z_1^K(s)$.
(2) $Z_1^\infty(6-s) = Z_1^\infty(s)^{-1}$.
(3) $Z_2^K(5-2K-s) = Z_2^K(s)$.
(4) $Z_2^\infty(7-s) = Z_2^\infty(s)^{-1}$.

解 答

(1) (3) より一般に，自然数 $N \geqq 1$ に対して

$$Z_N^K(5-KN-s) = Z_N^K(s)$$

を示す．まず，$K = 0$ のときは

$$Z_N^0(s) = Z(s) = \frac{(s-2)(s-3)}{(s-1)(s-4)}$$

であるから，関数等式は

$$Z(5-s) = \frac{(3-s)(2-s)}{(4-s)(1-s)} = Z(s)$$

である．一般の $K \geqq 0$ に対しては，

$$Z_N^K(s) = \prod_{k=0}^{K} Z(s+kN)$$

より

$$Z_N^K(5-KN-s) = \prod_{k=0}^{K} Z(5-KN-s+kN)$$

$$= \prod_{k=0}^{K} Z(5-(K-k)N-s)$$

となるので，$k \leftrightarrow K-k$ の置き換えをすると

$$Z_N^K(5-KN-s) = \prod_{k=0}^{K} Z(5-(kN+s))$$

となる．ここで，関数等式より

$$Z(5-(kN+s)) = Z(s+kN)$$

であるから

$$Z_N^K(5-KN-s) = \prod_{k=0}^{K} Z(s+kN) = Z_N^K(s).$$

よって，(1)(3) が成立する $(N=1,2)$．

(2) $Z_1^{\infty}(s) = \dfrac{s-2}{s-4}$

より

$$Z_1^{\infty}(6-s) = \frac{4-s}{2-s} = \frac{s-4}{s-2} = Z_1^{\infty}(s)^{-1}.$$

(4) $Z_2^{\infty}(s) = \dfrac{s-3}{s-4}$

より

$$Z_2^{\infty}(7-s) = \frac{4-s}{3-s} = \frac{s-4}{s-3} = Z_2^{\infty}(s)^{-1}. \qquad \textbf{（解答終）}$$

7.2 有理性

ここでは，引き続き

$$Z(s) = \frac{(s-2)(s-3)}{(s-1)(s-4)}$$

と自然数 $N \geqq 1$ に対して

$$Z_N^\infty(s) = \prod_{k=0}^\infty Z(s+kN)$$

が収束するかどうか，およびそれが有理関数となるかどうかを研究しよう．

練習問題 3

自然数 $N \geqq 1$ に対して，$Z_N^\infty(s)$ は収束して

$$Z_N^\infty(s) = \frac{\Gamma(\frac{s-1}{N})\Gamma(\frac{s-4}{N})}{\Gamma(\frac{s-2}{N})\Gamma(\frac{s-3}{N})}$$

となることを示せ．

解 答

$$Z(s+kN) = (s-1+kN)^{-1}(s-2+kN) \cdot (s-3+kN)(s-4+kN)^{-1}$$
$$= \left(k+\frac{s-1}{N}\right)^{-1}\left(k+\frac{s-2}{N}\right) \cdot \left(k+\frac{s-3}{N}\right)\left(k+\frac{s-4}{N}\right)^{-1}$$

において，ガンマ関数の基本性質

$$\Gamma(x+1) = x\Gamma(x)$$

を用いると

$$Z(s+kN) = \frac{\Gamma(\frac{s-1}{N}+k)}{\Gamma(\frac{s-1}{N}+k+1)} \cdot \frac{\Gamma(\frac{s-2}{N}+k+1)}{\Gamma(\frac{s-2}{N}+k)}$$
$$\cdot \frac{\Gamma(\frac{s-3}{N}+k+1)}{\Gamma(\frac{s-3}{N}+k)} \cdot \frac{\Gamma(\frac{s-4}{N}+k)}{\Gamma(\frac{s-4}{N}+k+1)}$$

となる．したがって，

$$Z_N^K(s) = \prod_{k=0}^{K} Z(s+kN)$$

$$= \frac{\Gamma(\frac{s-1}{N})}{\Gamma(\frac{s-1}{N}+K+1)} \cdot \frac{\Gamma(\frac{s-2}{N}+K+1)}{\Gamma(\frac{s-2}{N})}$$

$$\cdot \frac{\Gamma(\frac{s-3}{N}+K+1)}{\Gamma(\frac{s-3}{N})} \cdot \frac{\Gamma(\frac{s-4}{N})}{\Gamma(\frac{s-4}{N}+K+1)}$$

$$= \frac{\Gamma(\frac{s-1}{N})\Gamma(\frac{s-4}{N})}{\Gamma(\frac{s-2}{N})\Gamma(\frac{s-3}{N})} \cdot \frac{\Gamma(\frac{s-2}{N}+K+1)\Gamma(\frac{s-3}{N}+K+1)}{\Gamma(\frac{s-1}{N}+K+1)\Gamma(\frac{s-4}{N}+K+1)}$$

という表示を得る.

さらに, $\alpha \in \mathbb{C}$ に対して, スターリングの公式より $K \to \infty$ のとき

$$\Gamma(\alpha+K+1) \sim \sqrt{2\pi}\,(\alpha+K)^{\alpha+K+\frac{1}{2}} e^{-(\alpha+K)}$$

$$= \sqrt{2\pi}\,K^{\alpha+K+\frac{1}{2}} \left(1+\frac{\alpha}{K}\right)^{\alpha+K+\frac{1}{2}} e^{-(\alpha+K)}$$

$$\sim \sqrt{2\pi}\,K^{\alpha+K+\frac{1}{2}} e^{\alpha} e^{-(\alpha+K)}$$

$$= \sqrt{2\pi}\,K^{\alpha+K+\frac{1}{2}} e^{-K}$$

となるので, $\alpha = \frac{s-1}{N}, \frac{s-2}{N}, \frac{s-3}{N}, \frac{s-4}{N}$ に使うと

$$\lim_{K\to\infty} \frac{\Gamma(\frac{s-2}{N}+K+1)\Gamma(\frac{s-3}{N}+K+1)}{\Gamma(\frac{s-1}{N}+K+1)\Gamma(\frac{s-4}{N}+K+1)} = 1$$

がわかる. よって,

$$Z_N^{\infty}(s) = \lim_{K\to\infty} Z_N^K(s)$$

$$= \frac{\Gamma(\frac{s-1}{N})\Gamma(\frac{s-4}{N})}{\Gamma(\frac{s-2}{N})\Gamma(\frac{s-3}{N})}$$

という収束がわかった. **(解答終)**

この結果から練習問題 1 の (2) (4) を再導出することができる.
実際, $N=1$ のときは

$$Z_1^{\infty}(s) = \frac{\Gamma(s-1)\Gamma(s-4)}{\Gamma(s-2)\Gamma(s-3)}$$

であるから

$$\Gamma(s-1) = (s-2)\Gamma(s-2)$$
$$\Gamma(s-3) = (s-4)\Gamma(s-4)$$

を用いることによって

$$Z_1^\infty(s) = \frac{s-2}{s-4}$$

となる．また，$N=2$ のときは

$$Z_2^\infty(s) = \frac{\Gamma\left(\frac{s-1}{2}\right)\Gamma\left(\frac{s-4}{2}\right)}{\Gamma\left(\frac{s-2}{2}\right)\Gamma\left(\frac{s-3}{2}\right)}$$

であるから

$$\Gamma\left(\frac{s-1}{2}\right) = \frac{s-3}{2}\Gamma\left(\frac{s-3}{2}\right),$$
$$\Gamma\left(\frac{s-2}{2}\right) = \frac{s-4}{2}\Gamma\left(\frac{s-4}{2}\right)$$

を用いると

$$Z_2^\infty(s) = \frac{s-3}{s-4}$$

とわかる．有理性の問題に進もう．

練習問題 4　$Z_N^\infty(s)$ が有理関数となる自然数 $N \geqq 1$ をすべて求めよ．

〔解答〕　$N=1,2$ のとき $Z_N^\infty(s)$ が有理関数となることは既に見た通りである．そこで，$N \geqq 3$ のときを考える．このときは，$Z_N^\infty(s)$ は

$$s = 1 - nN \quad (n = 0, 1, 2, \cdots)$$

において (1 位以上の) 極をもつ：$\Gamma\left(\frac{s-1}{N}\right)$ は 1 位の極であり，

$$\left.\Gamma\left(\frac{s-2}{N}\right)\Gamma\left(\frac{s-3}{N}\right)\right|_{s=1-nN} = \Gamma\left(-\left(n+\frac{1}{N}\right)\right)\Gamma\left(-\left(n+\frac{2}{N}\right)\right)$$

は 0 でない有限値であり，

$$\Gamma\left(\frac{s-4}{N}\right) \text{は} \begin{cases} 1\text{位の極} & \cdots\cdots N=3, \\ 0\text{でない有限値} & \cdots\cdots N \geqq 4 \end{cases}$$

である.

よって，$N \geqq 3$ のとき $Z_N^\infty(s)$ は有理関数ではない．したがって，求める N は $N=1,2$ である． **（解答終）**

7.3 絶対ゼータ関数論

絶対ゼータ関数論からの解明を書いておこう．絶対ゼータ関数論を説いた単行本

黒川信重『絶対ゼータ関数論』岩波書店，2016 年，

黒川信重『絶対数学原論』現代数学社，2016 年，

黒川信重『リーマンの夢』現代数学社，2017 年，

黒川信重『オイラーのゼータ関数論』現代数学社，2018 年

は一通り熟読していることを前提とする．

まず，

$$Z(s) = \frac{(s-2)(s-3)}{(s-1)(s-4)} = \zeta_{GL(2)/\mathbb{F}_1}(s)$$

である．これは，合同ゼータ関数

$$\begin{aligned} \zeta_{GL(2)/\mathbb{F}_p}(s) &= \exp\left(\sum_{m=1}^\infty \frac{|GL(2,\mathbb{F}_{p^m})|}{m} p^{-ms}\right) \\ &= \exp\left(\sum_{m=1}^\infty \frac{(p^{2m}-1)(p^{2m}-p^m)}{m} p^{-ms}\right) \\ &= \exp\left(\sum_{m=1}^\infty \frac{p^{4m}-p^{3m}-p^{2m}+p^m}{m} p^{-ms}\right) \\ &= \frac{(1-p^{3-s})(1-p^{2-s})}{(1-p^{4-s})(1-p^{1-s})} \end{aligned}$$

より

$$\zeta_{GL(2)/\mathbb{F}_1}(s) = \lim_{p \to 1} \zeta_{GL(2)/\mathbb{F}_p}(s) = \frac{(s-3)(s-2)}{(s-4)(s-1)}$$

とするのが，直観的にわかりやすい方法である．

　より正式に，絶対保型形式を用いる方式では，$x > 0$ に対して

$$f_{GL(2)}(x) = |GL(2, \mathbb{F}_x)| = (x^2-1)(x^2-x)$$
$$= x^4 - x^3 - x^2 + x$$

から

$$Z_{f_{GL(2)}}(w, s) = \frac{1}{\Gamma(w)} \int_1^\infty f_{GL(2)}(x) x^{-s-1} (\log x)^{w-1} dx$$
$$= (s-4)^{-w} - (s-3)^{-w} - (s-2)^{-w} + (s-1)^{-w}$$

となるので，

$$\zeta_{f_{GL(2)}}(s) = \exp\left(\frac{\partial}{\partial w} Z_{f_{GL(2)}}(w, s) \Big|_{w=0} \right)$$
$$= \frac{(s-3)(s-2)}{(s-4)(s-1)}$$

となり，これが $\zeta_{GL(2)/\mathbb{F}_1}(s)$ である．

　次に，

$$Z_N^\infty(s) = \zeta_{f_N^\infty}(s),$$
$$f_N^\infty(x) = \frac{f_{GL(2)}(x)}{1 - x^{-N}}$$

となるので，$N = 1$ のときは

$$f_1^\infty(x) = \frac{(x^2-1)(x^2-x)}{1-x^{-1}}$$
$$= \frac{(x^2-1) x^2 (1-x^{-1})}{1-x^{-1}}$$
$$= x^4 - x^2$$

より

$$Z_1^\infty(s) = \zeta_{f_1^\infty}(s) = \frac{s-2}{s-4} = \zeta_{SL(2)/\mathbb{F}_1}(s-1)$$

となり，$N = 2$ のときは

$$f_2^\infty(x) = \frac{(x^2-1)(x^2-x)}{1-x^{-2}}$$

$$= \frac{x^2(1-x^{-2})(x^2-x)}{1-x^{-2}}$$

$$= x^4 - x^3$$

より

$$Z_2^\infty(s) = \zeta_{f_2^\infty}(s) = \frac{s-3}{s-4} = \zeta_{GL(1)/\mathbb{F}_1}(s-3)$$

となる．さらに，一般の $N \geqq 1$ に対しては

$$f_N^\infty(x) = \frac{x^4}{1-x^{-N}} - \frac{x^3}{1-x^{-N}} - \frac{x^2}{1-x^{-N}} + \frac{x}{1-x^{-N}}$$

より

$$Z_{f_N^\infty}(w,s) = \zeta_1(w, s-4, (N)) - \zeta_1(w, s-3, (N))$$

$$- \zeta_1(w, s-2, (N)) + \zeta_1(w, s-1, (N))$$

となり，

$$\zeta_{f_N^\infty}(s) = \frac{\Gamma_1(s-4, (N))\, \Gamma_1(s-1, (N))}{\Gamma_1(s-3, (N))\, \Gamma_1(s-2, (N))}$$

である．ここで，$\omega > 0$ に対して

$$\Gamma_1(s, (\omega)) = \frac{\Gamma\left(\frac{s}{\omega}\right)}{\sqrt{2\pi}}\, \omega^{\frac{s}{\omega} - \frac{1}{2}}$$

を用いると

$$Z_N^\infty(s) = \zeta_{f_N^\infty}(s) = \frac{\Gamma\left(\frac{s-4}{N}\right)\Gamma\left(\frac{s-1}{N}\right)}{\Gamma\left(\frac{s-3}{N}\right)\Gamma\left(\frac{s-2}{N}\right)}$$

と求まることになる．つまり，練習問題3が別の方法——絶対数学の手法——で解けた．

7.4 変型

これまでの計算を参考にして，$a, b, c, d \in \mathbb{Z}$ に対して

$$Z(s) = Z_{a,b,c,d}(s) = \frac{(s-c)(s-d)}{(s-a)(s-b)},$$

$$Z_N^K(s) = \prod_{k=0}^{K} Z(s+kN)$$

$$Z_N^\infty(s) = \prod_{k=0}^{\infty} Z(s+kN)$$

とした場合を考えよう.

練習問題 5　次は同値であることを示せ.

(1) $Z_N^\infty(s)$ が収束.

(2) $a+b=c+d$.

解答　練習問題 3 の解答と同じ方法を使う.

$$Z(s+kN) = (s-a+kN)^{-1}(s-b+kN)^{-1}(s-c+kN)(s-d+kN)$$

$$= \left(k + \frac{s-a}{N}\right)^{-1}\left(k + \frac{s-b}{N}\right)^{-1}\left(k + \frac{s-c}{N}\right)\left(k + \frac{s-d}{N}\right)$$

$$= \frac{\Gamma(\frac{s-a}{N}+k)}{\Gamma(\frac{s-a}{N}+k+1)} \cdot \frac{\Gamma(\frac{s-b}{N}+k)}{\Gamma(\frac{s-b}{N}+k+1)} \cdot \frac{\Gamma(\frac{s-c}{N}+k+1)}{\Gamma(\frac{s-c}{N}+k)} \cdot \frac{\Gamma(\frac{s-d}{N}+k+1)}{\Gamma(\frac{s-d}{N}+k)}$$

より

$$Z_N^K(s) = \frac{\Gamma(\frac{s-a}{N})}{\Gamma(\frac{s-a}{N}+K+1)} \cdot \frac{\Gamma(\frac{s-b}{N})}{\Gamma(\frac{s-b}{N}+K+1)}$$

$$\cdot \frac{\Gamma(\frac{s-c}{N}+K+1)}{\Gamma(\frac{s-c}{N})} \cdot \frac{\Gamma(\frac{s-d}{N}+K+1)}{\Gamma(\frac{s-d}{N})}$$

$$= \frac{\Gamma(\frac{s-a}{N})\Gamma(\frac{s-b}{N})}{\Gamma(\frac{s-c}{N})\Gamma(\frac{s-d}{N})} \cdot \frac{\Gamma(\frac{s-c}{N}+K+1)\Gamma(\frac{s-d}{N}+K+1)}{\Gamma(\frac{s-a}{N}+K+1)\Gamma(\frac{s-b}{N}+K+1)}$$

となる. ここで, スターリングの公式より $K \to \infty$ のとき

$$\Gamma(\tfrac{s-a}{N}+K+1) \sim \sqrt{2\pi}\, K^{\frac{s-a}{N}+K+\frac{1}{2}} e^{-K},$$

$$\Gamma(\tfrac{s-b}{N}+K+1) \sim \sqrt{2\pi}\, K^{\frac{s-b}{N}+K+\frac{1}{2}} e^{-K},$$

$$\Gamma(\tfrac{s-c}{N}+K+1) \sim \sqrt{2\pi}\, K^{\frac{s-c}{N}+K+\frac{1}{2}} e^{-K},$$

$$\Gamma(\tfrac{s-d}{N}+K+1) \sim \sqrt{2\pi}\, K^{\frac{s-d}{N}+K+\frac{1}{2}} e^{-K}$$

となるので

$$\frac{\Gamma(\frac{s-c}{N}+K+1)\Gamma(\frac{s-d}{N}+K+1)}{\Gamma(\frac{s-a}{N}+K+1)\Gamma(\frac{s-b}{N}+K+1)} \sim K^{\frac{a+b-c-d}{N}}.$$

がわかる．したがって，$K \to \infty$ のときに収束する必要十分条件は $a+b=c+d$ である．このとき

$$Z_N^\infty(s)=\frac{\Gamma(\frac{s-a}{N})\Gamma(\frac{s-b}{N})}{\Gamma(\frac{s-c}{N})\Gamma(\frac{s-d}{N})}$$

となる．　　　　　　　　　　　　　　　　　　（解答終）

このようにして，

$$Z(s)=\frac{(s-c)(s-d)}{(s-a)(s-b)}$$

のとき

$$Z_N^\infty(s)=\prod_{k=0}^\infty Z(s+kN)$$

が収束する条件は $a+b=c+d$ であることがわかったのであるが，この条件は，$Z(s)$ が関数等式をみたすことや $Z(s)$ に対応する．

$$f(x)=x^a+x^b-x^c-x^d \quad (x>0)$$

の絶対保型性とも同値である：

練習問題 6　次は同値であることを示せ．
(1) $Z_N^\infty(s)$ が収束．
(2) [関数等式] $Z(a+b-s)=Z(s)$.
(3) [絶対保型性] $f\left(\dfrac{1}{x}\right)=x^{-(a+b)}f(x)$.

（**解答**）(1) の条件は練習問題 5 で見た通り等式 $a+b=c+d$ と同値であるから，(2)(3) それぞれについて，この等式と同値であることを示せばよい．

(2) $Z(a+b-s) = Z(s)$

$$\Longleftrightarrow \frac{(a+b-c-s)(a+b-d-s)}{(a-s)(b-s)}$$

$$= \frac{(s-c)(s-d)}{(s-a)(s-b)}$$

$$\Longleftrightarrow \frac{(s-(a+b-c))(s-(a+b-d))}{(s-a)(s-b)}$$

$$= \frac{(s-c)(s-d)}{(s-a)(s-b)}$$

$$\Longleftrightarrow (s-(a+b-c))(s-(a+b-d))$$

$$= (s-c)(s-d)$$

$$\Longleftrightarrow s^2-(2a+2b-c-d)s+(a+b-c)(a+b-d)$$

$$= s^2-(c+d)s+cd$$

$$\Longleftrightarrow a+b = c+d.$$

(3) $f\left(\dfrac{1}{x}\right) = x^{-(a+b)}f(x)$

$$\Longleftrightarrow x^{a+b}(x^{-a}+x^{-b}-x^{-c}-x^{-d}) = x^a+x^b-x^c-x^d$$

$$\Longleftrightarrow x^{a+b-c}+x^{a+b-d} = x^c+x^d$$

$$\Longleftrightarrow a+b = c+d. \qquad\qquad \text{［解答終］}$$

それでは，$Z_N^\infty(s)$ が有理関数となる N を決定しよう．

練習問題 7　　$Z(s) = \dfrac{(s-c)(s-d)}{(s-a)(s-b)}$ において $a+b = c+d$ のとき，$Z_N^\infty(s)$ が有理関数となる N は有限個であることを示し，そのような N をすべて求めよ．

解　答

$$f(x) = x^a+x^b-x^c-x^d$$

に対して

$$f_N^\infty(x) = \frac{f(x)}{1 - x^{-N}}$$

とおくと，$f_N^\infty(x)$ は重さ $a+b+N = c+d+N$ の絶対保型形式である：

$$f_N^\infty\left(\frac{1}{x}\right) = -x^{-(a+b+N)} f_N^\infty(x).$$

さらに，

$$Z_N^\infty(s) = \zeta_{f_N^\infty}(s) = \frac{\Gamma\left(\frac{s-a}{N}\right)\Gamma\left(\frac{s-b}{N}\right)}{\Gamma\left(\frac{s-c}{N}\right)\Gamma\left(\frac{s-d}{N}\right)}$$

である．したがって，

$$Z_N^\infty(s) \text{ が有理関数} \Longleftrightarrow f_N^\infty(x) \in \mathbb{Z}[x, x^{-1}]$$
$$\Longleftrightarrow f(\zeta_N) = 0$$

である．ここで，$\zeta_N = \exp\left(\frac{2\pi i}{N}\right)$ は 1 の原始 N 乗根．よって，

$$\zeta_N^a + \zeta_N^b = \zeta_N^c + \zeta_N^d$$

が N の条件（必要十分）である．ここで，

$$\zeta_N^a + \zeta_N^b = \zeta_N^{\frac{a+b}{2}}\left(\zeta_N^{\frac{a-b}{2}} + \zeta_N^{\frac{b-a}{2}}\right)$$
$$= 2\zeta_N^{\frac{a+b}{2}} \cos\left(\frac{|a-b|}{N}\pi\right),$$
$$\zeta_N^c + \zeta_N^d = 2\zeta_N^{\frac{c+d}{2}} \cos\left(\frac{|c-d|}{N}\pi\right)$$

となるので，N の条件は

$$\cos\left(\frac{|a-b|}{N}\pi\right) = \cos\left(\frac{|c-d|}{N}\pi\right)$$
$$\Longleftrightarrow \sin\left(\frac{|a-b|+|c-d|}{2N}\pi\right) \cdot \sin\left(\frac{|a-b|-|c-d|}{2N}\pi\right) = 0$$
$$\Longleftrightarrow N \left| \frac{|a-b|+|c-d|}{2} \right. \text{ または } N \left| \frac{|a-b|-|c-d|}{2} \right.$$

となる．したがって，求める N は有限個であり，それらの N は $\dfrac{|a-b|+|c-d|}{2}$ の約数および $\dfrac{|a-b|-|c-d|}{2}$ の約数と決定でき

た.　　　　　　　　　　　　　　　　　　　　　　　［解答終］

例1　$a=1$, $b=4$, $c=2$, $d=3$ のとき，N の条件は

$$\cos\left(\frac{3}{N}\pi\right)=\cos\left(\frac{\pi}{N}\right)\Longleftrightarrow N\left|\frac{3+1}{2}\right.$$

$$\text{または } N\left|\frac{3-1}{2}\right.\Longleftrightarrow N=1,2.$$

となり，練習問題 4 の結果が再現される.

例2　$a=1$, $b=7$, $c=2$, $d=6$ のとき，条件は

$$\cos\left(\frac{6}{N}\pi\right)=\cos\left(\frac{4}{N}\pi\right)\Longleftrightarrow N\left|\frac{6+4}{2}\right.$$

$$\text{または } N\left|\frac{6-4}{2}\right.\Longleftrightarrow N=1,5.$$

例3　$a=1$, $b=17$, $c=2$, $d=16$ のとき，条件は

$$\cos\left(\frac{16}{N}\pi\right)=\cos\left(\frac{14}{N}\pi\right)\Longleftrightarrow N\left|\frac{16+14}{2}\right.$$

$$\text{または } N\left|\frac{16-14}{2}\right.\Longleftrightarrow N=1,3,5,15.$$

　　ここの話をまとめておくと，

$$Z(s)=\frac{(s-c)(s-d)}{(s-a)(s-b)}\quad(a+b=c+d)$$

に対して，連合体ゼータ

$$Z_N^\infty(s)=\prod_{k=0}^{\infty}Z(s+kN)$$

$$=\prod_{k=0}^{\infty}\frac{(s+kN-c)(s+kN-d)}{(s+kN-a)(s+kN-b)}$$

を構成すると――ボルボックスのようなものである――，それは
ガンマ関数を用いて

$$Z_N^\infty(s) = \frac{\Gamma(\frac{s-a}{N})\Gamma(\frac{s-b}{N})}{\Gamma(\frac{s-c}{N})\Gamma(\frac{s-d}{N})}$$

と表示することができて，$N=1$ を含む有限個の N ——
$\dfrac{|a-b|+|c-d|}{2}$ の約数および $\dfrac{|a-b|-|c-d|}{2}$ の約数——に対して
のみ有理関数（"退化"）になり，それ以外の無限個の N に対
しては非有理関数（"進化"）になる，ということを示している．
もちろん，ゼータ進化論からすると，すべての場合が進化なの
である．

　ここまで読んで来ると，宿題を考えたい人が多いであろう．
今回の方法を使えば難しくない問題を一つ出しておこう．

宿題　$\mathbb{G}_m^r = GL(1)^r$ に対して
$$Z(s) = \zeta_{\mathbb{G}_m^r/\mathbb{F}_1}(s) = \prod_{\ell=0}^{r}(s-\ell)^{(-1)^{r-\ell+1}\binom{r}{\ell}}$$
から
$$Z_N^\infty(s) = \prod_{k=0}^{\infty} Z(s+kN) = \prod_{k=0}^{\infty}\zeta_{\mathbb{G}_m^r/\mathbb{F}_1}(s+kN)$$
を構成したときの収束性と有理性を決定せよ．

　簡単なゼータである有理関数の作る連合体ゼータの研究だけ
でも豊富な内容があることがわかって楽しいものである．パン
デミックの収束と同様にゼータの無限積の収束に関心を持とう．

第8章
連合体の対称性

　すべての人が知るべきことであるが，地球生物の捉え方として「生物 (旧来の生物およびウイルス)」＝「遺伝子 (DNA・RNA)」という等式が基本となる．生物の目的は遺伝子の伝達・拡散である．21 世紀の今日になれば不思議なことなのであるが，旧来の生物学を奉っている人々はウイルスは生物でないと言い張っていて，ウイルス──敵であれ味方であれ──を仲間として見ることができず，理解が一向に進まない．

　これをゼータにすれば「ゼータ」＝「固有値 (零点・極)」という等式になる．言い換えれば，「ゼータ」＝「行列式 (表示)」に他ならない．

　良く知っている通り，生物には対称性を持つものが多いことも特徴的である．これに対応して，ゼータも対称性 (関数等式)を持つのが普通である．本章では連合体ゼータの関数等式を見よう．

8.1 “ ガンマ因子 ”

　ゼータの関数等式の起源は

$$\zeta_{\mathbb{Z}}(s) = \sum_{n=1}^{\infty} n^{-s} = \prod_{p:\text{素数}} (1-p^{-s})^{-1}$$

の場合にオイラーが 1739 年に発見した等式

$$\zeta_{\mathbb{Z}}(1-s) = \zeta_{\mathbb{Z}}(s) 2(2\pi)^{-s} \Gamma(s) \cos\left(\frac{\pi s}{2}\right)$$

である．つまり，

$$\frac{\zeta_Z(1-s)}{\zeta_Z(s)} = 2(2\pi)^{-s}\, \Gamma(s)\cos\left(\frac{\pi s}{2}\right)$$

であり，$\mathrm{Re}(s) = \frac{1}{2}$ を中心軸としていて，右辺が " ガンマ因子 "

である．

　これは，オイラー積

$$\zeta_Z(s) = \prod_{p:素数} \zeta_{Fp}(s)$$

というゼータ連合体の対称性であるが，とても興味深いことに，各因子

$$\zeta_{Fp}(s) = (1-p^{-s})^{-1}$$

の対称性（関数等式）

$$\zeta_{Fp}(-s) = -p^{-s}\zeta_{Fp}(s)$$

の中心軸 $\mathrm{Re}(s) = 0$ からは連合体 $\zeta_Z(s)$ の中心軸 $\mathrm{Re}(s) = \frac{1}{2}$ は

$\frac{1}{2}$ ずれている．

　リーマンが 1859 年に定式化した通り，$\zeta_Z(s)$ の関数等式は

$$\frac{\zeta_Z(1-s)}{\zeta_Z(s)} = \frac{\Gamma_R(s)}{\Gamma_R(1-s)}$$

と書くことができる．ここで

$$\Gamma_R(s) = \pi^{-\frac{s}{2}}\Gamma\left(\frac{s}{2}\right)$$

は $\zeta_Z(s)$ の通常のガンマ因子である．この対称性は，完備ゼータ

$$\hat{\zeta}_Z(s) = \zeta_Z(s)\Gamma_R(s)$$

という連合体ゼータの完全な対称性

$$\hat{\zeta}_Z(s) = \hat{\zeta}_Z(1-s)$$

となる．もう一度書き直しておくと

$$\frac{\zeta_Z(1-s)}{\zeta_Z(s)} = \frac{\Gamma_{\mathbb{R}}(s)}{\Gamma_{\mathbb{R}}(1-s)} = 2(2\pi)^{-s}\Gamma(s)\cos\left(\frac{\pi s}{2}\right)$$

である.

ところで，"ガンマ因子"という名前には，いつでもガンマ関数が有るという思い込みをさせてしまう可能性があることを注意しておかなければならない．ハッセゼータの一例だけ述べると

$$\zeta_{GL(2)/Z}(s) = \prod_{p:素数} \zeta_{GL(2)/\mathbb{F}_p}(s)$$
$$= \frac{\zeta_Z(s-4)\,\zeta_Z(s-1)}{\zeta_Z(s-3)\,\zeta_Z(s-2)}$$

の完備版は

$$\hat{\zeta}_{GL(2)/Z}(s) = \frac{\hat{\zeta}_Z(s-4)\,\hat{\zeta}_Z(s-1)}{\hat{\zeta}_Z(s-3)\,\hat{\zeta}_Z(s-2)}$$

であり，

$$\hat{\zeta}_{GL(2)/Z}(s) = \zeta_{GL(2)/Z}(s)\,\frac{\Gamma_{\mathbb{R}}(s-4)\,\Gamma_{\mathbb{R}}(s-1)}{\Gamma_{\mathbb{R}}(s-3)\,\Gamma_{\mathbb{R}}(s-2)}$$

となっていて，右辺の後半——かなり複雑に見える——が"ガンマ因子"である.

練習問題 1 次を示せ.

(1) $\hat{\zeta}_{GL(2)/Z}(6-s) = \hat{\zeta}_{GL(2)/Z}(s)$.

(2) $\hat{\zeta}_{GL(2)/Z}(s) = \zeta_{GL(2)/Z}(s)\,\dfrac{s-3}{s-4}$.

(3) $\zeta_{GL(2)/Z}(6-s) = \zeta_{GL(2)/Z}(s)\,\dfrac{s-2}{s-4}$.

解答

(1) $\hat{\zeta}_{GL(2)/Z}(6-s) = \dfrac{\hat{\zeta}_Z(2-s)\,\hat{\zeta}_Z(5-s)}{\hat{\zeta}_Z(3-s)\,\hat{\zeta}_Z(4-s)}$

において，関数等式 $\hat{\zeta}_Z(1-s) = \hat{\zeta}_Z(s)$ を用いると

$$\hat{\zeta}_{\mathbb{Z}}(2-s) = \hat{\zeta}_{\mathbb{Z}}(s-1),$$

$$\hat{\zeta}_{\mathbb{Z}}(5-s) = \hat{\zeta}_{\mathbb{Z}}(s-4),$$

$$\hat{\zeta}_{\mathbb{Z}}(3-s) = \hat{\zeta}_{\mathbb{Z}}(s-2),$$

$$\hat{\zeta}_{\mathbb{Z}}(4-s) = \hat{\zeta}_{\mathbb{Z}}(s-3)$$

であることより

$$\hat{\zeta}_{GL(2)/\mathbb{Z}}(6-s) = \frac{\hat{\zeta}_{\mathbb{Z}}(s-1)\,\hat{\zeta}_{\mathbb{Z}}(s-4)}{\hat{\zeta}_{\mathbb{Z}}(s-2)\,\hat{\zeta}_{\mathbb{Z}}(s-3)} = \hat{\zeta}_{GL(2)/\mathbb{Z}}(s).$$

(2)　$\dfrac{\hat{\zeta}_{GL(2)/\mathbb{Z}}(s)}{\zeta_{GL(2)/\mathbb{Z}}(s)} = \dfrac{\Gamma_{\mathbb{R}}(s-1)\Gamma_{\mathbb{R}}(s-4)}{\Gamma_{\mathbb{R}}(s-2)\Gamma_{\mathbb{R}}(s-3)}$

$$= \frac{\pi^{-\frac{s-1}{2}}\Gamma\left(\frac{s-1}{2}\right)\pi^{-\frac{s-4}{2}}\Gamma\left(\frac{s-4}{2}\right)}{\pi^{-\frac{s-2}{2}}\Gamma\left(\frac{s-2}{2}\right)\pi^{-\frac{s-3}{2}}\Gamma\left(\frac{s-3}{2}\right)}$$

$$= \frac{\Gamma\left(\frac{s-1}{2}\right)\Gamma\left(\frac{s-4}{2}\right)}{\Gamma\left(\frac{s-2}{2}\right)\Gamma\left(\frac{s-3}{2}\right)}$$

$$= \frac{\frac{s-3}{2}\Gamma\left(\frac{s-3}{2}\right)\Gamma\left(\frac{s-4}{2}\right)}{\frac{s-4}{2}\Gamma\left(\frac{s-4}{2}\right)\Gamma\left(\frac{s-3}{2}\right)} = \frac{s-3}{s-4}.$$

これは前章の練習問題 1 (4) と一致する.

(3)（2）より

$$\zeta_{GL(2)/\mathbb{Z}}(6-s) = \hat{\zeta}_{GL(2)/\mathbb{Z}}(6-s)\,\frac{s-2}{s-3},$$

$$\zeta_{GL(2)/\mathbb{Z}}(s) = \hat{\zeta}_{GL(2)/\mathbb{Z}}(s)\,\frac{s-4}{s-3}$$

であるから（1）を用いると

$$\frac{\zeta_{GL(2)/\mathbb{Z}}(6-s)}{\zeta_{GL(2)/\mathbb{Z}}(s)} = \frac{s-2}{s-4}.$$　　　　　**（解答終）**

　　練習問題 1 の教訓は，"ガンマ因子" は研究者を含めてガンマ関数が有ると思い込んでいるが，実際には見かけに寄らず簡単になることがある――ガンマ関数も無い有理関数――という意外

な事実を見ないといけないことである．つまり，" ガンマ因子 "
という名前にだまされてはならぬのである．ウイルスという名
前にもだまされてはいけないのであり，遺伝子（DNA・RNA）
を持つ生物なのである．

　ちなみに，このような計算は計算する喜びを味わうためにす
るのであって，自分で手を動かすのが楽しみになる．もちろん，
$GL(2)$ 以外に対してもやってみることをすすめる．その際には，
ハッセゼータのガンマ因子を分析した

　　黒川信重『リーマンの夢』現代数学社，2017 年

の第 5 章・第 6 章・第 7 章が参考になる．

8.2　セルバーグゼータの対称性

　" ガンマ因子 " の思い込みを払いのけるために，セルバーグゼ
ータの関数等式（対称性）やガンマ因子を見てみよう．
　セルバーグゼータとはリーマン多様体のゼータである．簡明
のために，コンパクトリーマン面 M （種数 $g \geqq 2$）の場合を扱
う．このとき，M のセルバーグゼータは

$$\zeta_M(s) = \prod_{P \in \mathrm{Prim}(M)} \zeta_P(s)$$

というゼータ連合体であり，" オイラー積表示 " となる．ここで，
$$\mathrm{Prim}(M) = \{P \,|\, P \text{ は } M \text{ の素な閉測地線}\},$$
$$\zeta_P(s) = (1 - N(P)^{-s})^{-1}$$
であり，P の長さを $\ell(P)$ としたとき
$$N(P) = \exp(\ell(P))$$
である．
　このセルバーグゼータ $\zeta_M(s)$ は $\mathrm{Re}(s) > 1$ のときには絶対収束
し，すべての複素数 s へと有理型関数として解析接続できるこ

とが知られている．さらに，その関数等式は

$$\zeta_M(s)\zeta_M(-s) = (2\sin(\pi s))^{4-4g},$$

つまり

$$\zeta_M(-s) = \zeta_M(s)^{-1}(2\sin(\pi s))^{4-4g}$$

であり，右辺の後半が"ガンマ因子"である．この関数等式は，別のゼータ連合体（これもセルバーグゼータと呼ぶ）

$$Z_M(s) = \prod_{n=0}^{\infty}\zeta_M(s+n)^{-1} = \prod_{P\in\mathrm{Prim}(M)}\prod_{n=0}^{\infty}(1-N(P)^{-s-n})$$

の完備版

$$\hat{Z}_M(s) = Z_M(s)\Gamma_M(s)$$

に対する関数等式

$$\hat{Z}_M(1-s) = \hat{Z}_M(s) \quad (中心軸は \mathrm{Re}(s) = \frac{1}{2})$$

から導出される．ここで，ガンマ因子 $\Gamma_M(s)$ は

$$\Gamma_M(s) = (\Gamma_2(s)\Gamma_2(s+1))^{2g-2}$$

である．ただし，

$$\Gamma_2(s) = \left(\prod_{m_1,m_2\geq 0}(s+m_1+m_2)\right)^{-1}$$

は二重ガンマ関数である．

練習問題2 関数等式を示せ．

(1) $\zeta_P(-s) = -N(P)^{-s}\zeta_P(s)$：中心軸 $\mathrm{Re}(s) = 0$.

(2) $\zeta_M(-s) = \zeta_M(s)^{-1}(2\sin(\pi s))^{4-4g}$：中心軸 $\mathrm{Re}(s) = 0$.

解答

(1) $\zeta_P(-s) = (1-N(P)^s)^{-1}$
$$= -N(P)^{-s}(1-N(P)^{-s})^{-1} = -N(P)^{-s}\zeta_P(s).$$

(2) $\zeta_M(s) = \prod_P(1-N(P)^{-s})^{-1} = \dfrac{Z_M(s+1)}{Z_M(s)}$

であるから

$$\zeta_M(-s)\zeta_M(s) = \frac{Z_M(1-s)}{Z_M(-s)} \cdot \frac{Z_M(1+s)}{Z_M(s)} = \frac{Z_M(1-s)}{Z_M(s)} \cdot \frac{Z_M(1+s)}{Z_M(-s)}$$

となる．したがって

$$\frac{Z_M(1-s)}{Z_M(s)} \cdot \frac{Z_M(1+s)}{Z_M(-s)} = (2\sin(\pi s))^{4-4g}$$

を示せば良い．そこで，$Z_M(s)$ の関数等式を用いると

$$\frac{Z_M(1-s)}{Z_M(s)} = \left(\frac{\Gamma_2(s)\Gamma_2(1+s)}{\Gamma_2(1-s)\Gamma_2(2-s)}\right)^{2g-2}$$

$$= \left(\frac{\Gamma_2(s)}{\Gamma_2(2-s)} \cdot \frac{\Gamma_2(1+s)}{\Gamma_2(1-s)}\right)^{2g-2}$$

$$= (S_2(s)S_2(1+s))^{2-2g}$$

となる．ただし，

$$S_2(s) = \frac{\Gamma_2(2-s)}{\Gamma_2(s)}$$

は二重三角関数である：

黒川信重『現代三角関数論』岩波書店，2013 年．

全く同じく

$$\frac{Z_M(1+s)}{Z_M(-s)} = (S_2(-s)S_2(1-s))^{2-2g}$$

であるから，

$$\frac{Z_M(1-s)}{Z_M(s)} \cdot \frac{Z_M(1+s)}{Z_M(-s)} = (S_2(s)S_2(1+s)S_2(-s)S_2(1-s))^{2-2g}$$

となる．ここで，関係式

$$S_2(s) = S_2(s+1)S_1(s),$$

$$S_2(-s) = S_2(-s+1)S_1(-s),$$

$$S_2(1+s)S_2(1-s) = \frac{\Gamma_2(1-s)}{\Gamma_2(1+s)} \cdot \frac{\Gamma_2(1+s)}{\Gamma_2(1-s)} = 1$$

を用いると

$$\frac{Z_M(1-s)}{Z_M(s)} \cdot \frac{Z_M(1+s)}{Z_M(-s)} = (S_1(s)S_1(-s))^{2-2g}$$

を得る．ただし，

$$S_1(s) = 2\sin(\pi s)$$

である．よって，

$$\zeta_M(-s)\zeta_M(s) = (-4\sin^2(\pi s))^{2-2g}$$

$$= (2\sin(\pi s))^{4-4g}.$$

（解答終）

このように，$Z_M(s)$ の関数等式は $\mathrm{Re}(s) = \frac{1}{2}$ を中心軸とする

$$Z_M(1-s) = Z_M(s)\left(\frac{\Gamma_2(s)\Gamma_2(s+1)}{\Gamma_2(1-s)\Gamma_2(2-s)}\right)^{2g-2}$$

$$= Z_M(s)(S_2(s)S_2(s+1))^{2-2g}$$

であったが，

$$\zeta_M(s) = \frac{Z_M(s+1)}{Z_M(s)}$$

の関数等式は $\mathrm{Re}(s) = 0$ を中心軸とした

$$\zeta_M(-s) = \zeta_M(s)^{-1}(2\sin(\pi s))^{4-4g}$$

という風に対称性も"ガンマ因子"も中心軸も変化する．もちろん，それくらいでは，まだ甘い．

練習問題 3　$\xi_M(s) = \dfrac{\zeta_M(s+1)}{\zeta_M(s)}$ の関数等式を求めよ．

解答

$$\xi_M(-1-s) = \frac{\zeta_M(-s)}{\zeta_M(-1-s)}$$

であるから

$$\frac{\xi_M(-1-s)}{\xi_M(s)} = \frac{\zeta_M(-s)\zeta_M(s)}{\zeta_M(-1-s)\zeta_M(1+s)}$$

$$= \frac{(2\sin(\pi s))^{4-4g}}{(2\sin(\pi(1+s)))^{4-4g}}$$

$$= 1$$

である．つまり，関数等式は

$$\xi_M(-1-s) = \xi_M(s)$$

であり，中心軸は $\mathrm{Re}(s) = -\dfrac{1}{2}$ である． **（解答終）**

このようにして，"ガンマ因子"はすっかり消えてしまった．そこで，この謎を拡張してみよう．

練習問題4 $\zeta_M(s)$ をローラン多項式

$$f(x) \in \mathbb{Z}[x, x^{-1}]$$

によって連合させた $\zeta_{M(f)}(s)$ を

$$\zeta_{M(f)}(s) = \prod_k \zeta_M(s-k)^{a(k)}$$

と定義する：グロタンディークとテイトによるモチーフ (motif)．ただし，

$$f(x) = \sum_k a(k)x^k$$

とし，絶対保型性

$$f\left(\frac{1}{x}\right) = -x^{-D}f(x)$$

とオイラー標数が0となる条件 $f(1) = 0$ をみたすものとする．このとき，関数等式

$$\zeta_{M(f)}(D-s) = \zeta_{M(f)}(s)$$

が成立することを示せ．

解答 絶対保型性の条件は

$$f\left(\frac{1}{x}\right)=-x^{-D}f(x)\Longleftrightarrow a(D-k)=-a(k)$$

と書き換えることができるので,

$$\zeta_{M(f)}(D-s)=\prod_k \zeta_M(D-s-k)^{a(k)}$$
$$=\prod_k \zeta_M((D-k)-s)^{a(k)}$$
$$=\prod_k \zeta_M(k-s)^{a(D-k)}$$
$$=\prod_k \zeta_M(k-s)^{-a(k)}$$

となる. ただし, $k\leftrightarrow D-k$ の置き換えを行なっている. すると, $\zeta_M(s)$ の関数等式より

$$\zeta_M(k-s)=\zeta_M(s-k)^{-1}(2\sin(\pi(s-k)))^{4-4g}$$
$$=\zeta_M(s-k)^{-1}(2\sin(\pi s))^{4-4g}$$

より

$$\zeta_{M(f)}(D-s)=\prod_k(\zeta_M(s-k)^{-1}(2\sin(\pi s))^{4-4g})^{-a(k)}$$
$$=\prod_k \zeta_M(s-k)^{a(k)}$$
$$=\zeta_{M(f)}(s)$$

を得る. ただし,

$$\sum_k a(k)=f(1)=0$$

を用いている.　　　　　　　　　　　　　　　　　　　　　（解答終）

例1　$f(x)=x^m-1\ (m\in\mathbb{Z})$ のとき

$$f\left(\frac{1}{x}\right)=-x^{-m}f(x)\ \ (D=m)$$

であり

$$\zeta_{M(f)}(s)=\frac{\zeta_M(s-m)}{\zeta_M(s)}$$

の関数等式は $\zeta_{M(f)}(m-s) = \zeta_{M(f)}(s)$. ここで, $m = -1$ のときが練習問題 3 の場合である.

例2 $r \geqq 1$ が奇数のとき $f(x) = (x-1)^r$ とすると

$$f\left(\frac{1}{x}\right) = -x^{-r}f(x) \quad (D = r)$$

であり

$$\zeta_{M(f)}(s) = \prod_{k=0}^{r} \zeta_M(s-k)^{(-1)^{r-k}\binom{r}{k}} = \zeta_{M \otimes \mathbb{G}_m^r}(s)$$

に対して

$$\zeta_{M \otimes \mathbb{G}_m^r}(r-s) = \zeta_{M \otimes \mathbb{G}_m^r}(s).$$

8.3 連合体 $\zeta_{A(f)}(s)$ の対称性

ここでは, $A = \mathbb{F}_1, \mathbb{F}_q, \mathbb{Z}$ に対して

$$\zeta_{A(f)}(s) = \prod_k \zeta_A(s-k)^{a(k)}$$

を考える. ただし, $f(x) = \sum_k a(k)x^k \in \mathbb{Z}[x, x^{-1}]$ は絶対保型性

$$f\left(\frac{1}{x}\right) = Cx^{-D}f(x) \ [\Leftrightarrow a(D-k) = Ca(k)]$$

をもつとする ($C = \pm 1$). また,

$$\zeta_{\mathbb{F}_1}(s) = \frac{1}{s},$$

$$\zeta_{\mathbb{F}_q}(s) = (1-q^{-s})^{-1} \quad (q \text{ は素数のべき}),$$

$$\zeta_{\mathbb{Z}}(s) = \prod_{p:\text{素数}} \zeta_{\mathbb{F}_p}(s) = \prod_{p:\text{素数}} (1-p^{-s})^{-1}$$

である.

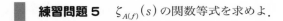

練習問題 5　$\zeta_{A(f)}(s)$ の関数等式を求めよ.

（解答）

(1)　$A = \mathbb{F}_1$ のとき：

$$\zeta_{\mathbb{F}_1(f)}(s) = \prod_k \zeta_{\mathbb{F}_1}(s-k)^{a(k)} = \prod_k (s-k)^{-a(k)}$$

であるから

$$
\begin{aligned}
\zeta_{\mathbb{F}_1(f)}(D-s)^C &= \prod_k \zeta_{\mathbb{F}_1}(D-s-k)^{Ca(k)} \\
&= \prod_k \zeta_{\mathbb{F}_1}((D-k)-s)^{a(D-k)} \\
&= \prod_k \zeta_{\mathbb{F}_1}(k-s)^{a(k)} \\
&= \prod_k (-\zeta_{\mathbb{F}_1}(s-k))^{a(k)} \\
&= (-1)^{f(1)} \zeta_{\mathbb{F}_1(f)}(s).
\end{aligned}
$$

(2)　$A = \mathbb{F}_q$ のとき：

$$
\begin{aligned}
\zeta_{\mathbb{F}_q(f)}(D-s)^C &= \prod_k \zeta_{\mathbb{F}_q}(D-s-k)^{Ca(k)} \\
&= \prod_k \zeta_{\mathbb{F}_q}((D-k)-s)^{a(D-k)} \\
&= \prod_k \zeta_{\mathbb{F}_q}(k-s)^{a(k)} \\
&= \prod_k (-q^{k-s}\zeta_{\mathbb{F}_q}(s-k))^{a(k)} \\
&= (-1)^{f(1)} q^{-f(1)s} q^{f'(1)} \zeta_{\mathbb{F}_q(f)}(s).
\end{aligned}
$$

(3)　$A = \mathbb{Z}$ のとき：

$$\hat{\zeta}_{\mathbb{Z}(f)}(s) = \prod_k \hat{\zeta}_{\mathbb{Z}}(s-k)^{a(k)}$$

とおくと

$$\hat{\zeta}_{Z(f)}(D+1-s)^C = \prod_k \hat{\zeta}_Z(D+1-s-k)^{Ca(k)}$$

$$= \prod_k \hat{\zeta}_Z(1+(D-k)-s)^{a(D-k)}$$

$$= \prod_k \hat{\zeta}_Z(1+k-s)^{a(k)}$$

$$= \prod_k \hat{\zeta}_Z(s-k)^{a(k)}$$

$$= \hat{\zeta}_{Z(f)}(s)$$

となる. 書き換えれば,

$$\frac{\zeta_{Z(f)}(D+1-s)^C}{\zeta_{Z(f)}(s)} = \frac{\prod_k \Gamma_{\mathbb{R}}(s-k)^{a(k)}}{\prod_k \Gamma_{\mathbb{R}}(D+1-s-k)^{Ca(k)}}$$

$$= \frac{\prod_k \Gamma_{\mathbb{R}}(s-k)^{a(k)}}{\prod_k \Gamma_{\mathbb{R}}(1+(D-k)-s)^{a(D-k)}}$$

$$= \prod_k \left(\frac{\Gamma_{\mathbb{R}}(s-k)}{\Gamma_{\mathbb{R}}(1+k-s)} \right)^{a(k)}$$

$$= \prod_k \left(\frac{\pi^{-\frac{s-k}{2}} \Gamma\left(\frac{s-k}{2}\right)}{\pi^{-\frac{1+k-s}{2}} \Gamma\left(\frac{1+k-s}{2}\right)} \right)^{a(k)}$$

$$= \pi^{-f(1)(s-\frac{1}{2})+f'(1)} \prod_k \left(\frac{\Gamma\left(\frac{s-k}{2}\right)}{\Gamma\left(\frac{1+k-s}{2}\right)} \right)^{a(k)}.$$

（解答終）

例 $\qquad f(x) = (x^2-x)(x^2-1) = x^4 - x^3 - x^2 + x$

のとき

$$\zeta_{Z(f)}(s) = \zeta_{GL(2)/Z}(s) = \frac{\zeta_Z(s-4)\,\zeta_Z(s-1)}{\zeta_Z(s-3)\,\zeta_Z(s-2)}$$

であり, 関数等式

$$\zeta_{Z(f)}(6-s) = \zeta_{Z(f)}(s)\,\frac{s-2}{s-4}$$

は練習問題 1 と一致する $(f(1)=f'(1)=0)$.

ちなみに，一般に

$$\frac{\zeta_{Z(f)}(D+1-s)^c}{\zeta_{Z(f)}(s)} \text{ が有理関数} \Longleftrightarrow f(1)=f(-1)=0$$

$$\Longleftrightarrow \sum_k a(k) = \sum_k (-1)^k a(k) = 0$$

がわかる：黒川『リーマンの夢』.

8.4　宿題解答

第 7 章の宿題を解こう．

問題は $\displaystyle\prod_{k=0}^{\infty} \zeta_{G_m/F_1}^r(s+kN)$ の収束性と有理性を調べることであっ

た．まず，$r=1$ のときを考える．すると，

$$Z(s) = \zeta_{G_m/F_1}(s) = \frac{s}{s-1}$$

より

$$Z_N^K(s) = \prod_{k=0}^{K} Z(s+kN) = \prod_{k=0}^{K} \frac{s+kN}{s-1+kN}$$

である．とくに，$N=1$ なら

$$Z_1^K(s) = \prod_{k=0}^{K} \frac{s+k}{s-1+k} = \frac{s+K}{s-1}$$

より

$$Z_1^{\infty}(s) = \lim_{K\to\infty} Z_1^K(s) = \infty$$

となり，収束しない．一般の $N \geqq 2$ のときは，$Z_N^K(s)$ を絶対ゼータ関数として表示すると

$$Z_N^K(s) = \zeta_{f_{1,N}^K}(s)$$

となる．ここで，絶対保型形式 $f_{1,N}^K(x)$ は

$$f_{1,N}^K(x) = (x-1)(1 + x^{-N} + \cdots + x^{-KN})$$

$$= (x-1)\frac{1 - x^{-(K+1)N}}{1 - x^{-N}}$$

$$= \frac{x + x^{-(K+1)N} - 1 - x^{1-(K+1)N}}{1 - x^{-N}}$$

であり，

$$Z_N^K(s) = \frac{\Gamma_1(s-1,(N))\,\Gamma_1(s+(K+1)N,(N))}{\Gamma_1(s,(N))\,\Gamma_1(s+(K+1)N-1,(N))}$$

$$= \frac{\Gamma(\frac{s-1}{N})\,\Gamma(\frac{s}{N}+K+1)}{\Gamma(\frac{s}{N})\,\Gamma(\frac{s-1}{N}+K+1)}$$

となるので，スターリングの公式より

$$Z_N^\infty(s) = \lim_{K \to \infty} Z_N^K(s) = \infty$$

となって，収束しない（以下の $r \geq 2$ の場合の方法も使うことができる）．

次に，$r \geq 2$ のときを考える．このときは

$$Z(s) = \zeta_{\mathrm{G}_m^r/\mathbb{F}_1}(s) = \prod_{\ell=0}^{r} (s-\ell)^{(-1)^{r-\ell+1}\binom{r}{\ell}},$$

$$Z_N^K(s) = \prod_{k=0}^{K} Z(s+kN)$$

において

$$Z(s+kN) = \prod_{\ell=0}^{r} (s-\ell+kN)^{(-1)^{r-\ell+1}\binom{r}{\ell}}$$

$$= \prod_{\ell=0}^{r} \Big(k+\frac{s-\ell}{N}\Big)^{(-1)^{r-\ell+1}\binom{r}{\ell}}$$

$$= \prod_{\ell=0}^{r} \Big(\frac{\Gamma(\frac{s-\ell}{N}+k+1)}{\Gamma(\frac{s-\ell}{N}+k)}\Big)^{(-1)^{r-\ell+1}\binom{r}{\ell}}$$

であるから

$$Z_N^K(s) = \prod_{\ell=0}^{r} \left(\prod_{k=0}^{K} \frac{\Gamma(\frac{s-\ell}{N}+k+1)}{\Gamma(\frac{s-\ell}{N}+k)} \right)^{(-1)^{r-\ell+1}\binom{r}{\ell}}$$

$$= \prod_{\ell=0}^{r} \left(\frac{\Gamma(\frac{s-\ell}{N}+K+1)}{\Gamma(\frac{s-\ell}{N})} \right)^{(-1)^{r-\ell+1}\binom{r}{\ell}}$$

$$= \prod_{\ell=0}^{r} \Gamma\left(\frac{s-\ell}{N}\right)^{(-1)^{r-\ell}\binom{r}{\ell}} \times \prod_{\ell=0}^{r} \Gamma(\tfrac{s-\ell}{N}+K+1)^{(-1)^{r-\ell+1}\binom{r}{\ell}}$$

となる．ここで，スターリングの公式を用いると $K \to \infty$ のとき

$$\Gamma\left(\frac{s-\ell}{N}+K+1\right) \sim \sqrt{2\pi}\, K^{\frac{s-\ell}{N}+K+\frac{1}{2}} e^{-K}$$

であるから

$$\lim_{K\to\infty} \prod_{\ell=0}^{r} \Gamma\left(\frac{s-\ell}{N}+K+1\right)^{(-1)^{r-\ell+1}\binom{r}{\ell}} = 1$$

がわかる．ただし，$r \geqq 2$ に対しては

$$\begin{cases} \displaystyle\sum_{\ell=0}^{r} (-1)^{r-\ell} \binom{r}{\ell} = 0, \\ \displaystyle\sum_{\ell=0}^{r} (-1)^{r-\ell} \ell \binom{r}{\ell} = 0 \end{cases}$$

が成立することを使っている（$r=1$ のときは，前半は成立するが，後半が不成立となり発散する）．

　したがって，$r \geqq 2$ のとき

$$Z_N^\infty(s) = \prod_{k=0}^{\infty} \zeta_{\mathrm{G}_m^r/\mathbb{F}_1}(s+kN)$$

$$= \prod_{\ell=0}^{r} \Gamma\left(\frac{s-\ell}{N}\right)^{(-1)^{r-\ell}\binom{r}{\ell}}$$

と収束する．これが有理関数になるかどうかは対応する絶対保型形式

$$f_{r,N}^{\infty}(x) = \frac{(x-1)^r}{1-x^{-N}}$$

を見ればよい．つまり

$$Z_N^{\infty}(s) = \prod_{k=0}^{\infty} \zeta_{\mathbb{G}_m^r/\mathbb{F}_1}(s+kN) = \zeta_{f_{r,N}^{\infty}}(s)$$

なので，

$$Z_N^{\infty}(s) \text{ が有理関数} \Longleftrightarrow \frac{(x-1)^r}{1-x^{-N}} \in \mathbb{Z}[x, x^{-1}]$$

$$\Longleftrightarrow N = 1$$

となる．さらに，$N=1$ のときは

$$f_{r,1}^{\infty}(x) = \frac{(x-1)^r}{1-x^{-1}} = x(x-1)^{r-1}$$

であるから

$$\prod_{k=0}^{\infty} \zeta_{\mathbb{G}_m^r/\mathbb{F}_1}(s+k) = \zeta_{\mathbb{G}_m^{r-1}/\mathbb{F}_1}(s-1)$$

という有理関数になり，その対称性（関数等式）は $s \longleftrightarrow r+1-s$ である．これもゼータ連合体の収束後の対称性である．このような有理ゼータ関数が 0 層である．

第9章
遺伝体

　地球生物（旧来の生物およびウイルス）は遺伝子を持つもの，つまり，遺伝体として特徴付けることができる．ゼータもゼータ惑星の遺伝体と捉えるのが基本である．その根本問題は2つのゼータ対象物A，Bに対して，ゼータ $Z_A(s)$ と $Z_B(s)$ の関係（とくに，零点と極）を記述することである．もっと単純に言えば，「AがBに含まれるなら（AはBの祖先と考える）$Z_A(s)$ の零点・極は $Z_B(s)$ の零点・極に遺伝する，つまり，$Z_A(s)$ は $Z_B(s)$ を"割り切る"」という言明である．

　これは，2020年に記念すべき百周年を迎えた類体論（高木貞治，1920年）および五十周年の非可換類体論予想・ラングランズ予想（ラングランズ，1970年）に流れている哲学である．とくに，日本の荒又秀夫（1905 – 1947）が1933年に画期的な進展をもたらしたのであるが，残念ながら忘れられているので解説しよう．絶対ゼータなら霊体論となる．

9.1　デデキント予想

　1873年にデデキント（リーマンの友人であり，『リーマン全集』の編集者）は代数体の有限次拡大体 K/F に対して，デデキントゼータ関数 $\zeta_F(s)$ と $\zeta_K(s)$ の関係を調べ，$\zeta_F(s)$ は $\zeta_K(s)$ を割り切る（ここでは，$\zeta_K(s)/\zeta_F(s)$ は整関数——$\mathbb{C}$ 全体で正則——

という意味）と予想した．デデキント予想は $\zeta_F(s)$ の零点が全て（位数を込めて）$\zeta_K(s)$ の零点に含まれることを主張するものであり，零点研究の重要な課題である．

ちなみに，デデキントのゼータ $\zeta_F(s)$ とは慣用表記であり，体 F のゼータ関数ではない．正確には，F の整数環 $\mathcal{O}_F$ のゼータ関数 $\zeta_{\mathcal{O}_F}(s)$ である：

$$\zeta_{\mathcal{O}_F}(s) = \prod_{P \subset \mathcal{O}_F} (1 - N(P)^{-s})^{-1}.$$

ここで，P は $\mathcal{O}_F$ の極大イデアル全体（今の場合は，0 でない素イデアル全体）を動き，$N(P) = |\mathcal{O}_F/P|$ である．

デデキント予想は拡大次数 $[K:F] = n$ が大きくなるに連れて難しくなる．$n = 2$ なら正しいことは

$$\zeta_K(s) = \zeta_F(s) L_F(s, \chi)$$

と L 関数 $L_F(s, \chi)$（$\chi \neq \mathbb{1}$ は 1 次元表現）と書ける（類体論の一例：この場合には K/F はアーベル拡大）のでわかる．デデキントは $n = 3$ の場合に成立する例を証明したのである．

$n = 2$ の場合をより一般にすると，1920 年に高木貞治が確立した類体論——次の節で解説——によって K/F がアーベル拡大（ガロア拡大であって，そのガロア群がアーベル群となっているもの）なら

$$\zeta_K(s) = \zeta_F(s) \prod_{\chi} L_F(s, \chi)$$

の形（$\chi \neq \mathbb{1}$）になるので正しいことがわかる．さらに，1933 年に荒又秀夫は画期的な論文

H.Aramata "Über die Teilbarkeit der Dedekindschen Zetafunktionen"［デデキントゼータ関数の整除性について］日本学士院紀要 **7**（1933）31–34

において，K/F がガロア拡大なら正しいことを証明した．この論文は，1933 年 2 月 13 日の帝国学士院例会にて高木貞治が「デデキントのツエタ函数の整除性に就て」として紹介している．

荒又の論文は，1923 年にアルティンが創始したアルティン L 関数の理論に基づいている．つまり，正則なアルティン L 関数 $L_F(s, \rho)$ によって

$$\zeta_K(s) = \zeta_F(s) L_F(s, \rho)$$

となるのである．ここで，

$$\rho : \mathrm{Gal}(K/F) \longrightarrow GL(n-1, \mathbb{C})$$

はガロア表現であって，既約成分に自明表現を含んでいない．また，荒又と同じ結果をブラウアー（アルティンの学生）が 14 年後の 1947 年の論文にて再証明したことから「荒又・ブラウアーの定理（Aramata-Brauer Theorem）」とも呼ばれている．

ガロア拡大とは限らない一般の拡大 K/F の場合には

$$\zeta_K(s) = \zeta_F(s) L_F(s, \rho)$$

となる $n-1$ 次元の表現

$$\rho : \mathrm{Gal}(\overline{F}/F) \longrightarrow \mathrm{GL}(n-1, \mathbb{C})$$

のアルティン L 関数 $L_F(s, \rho)$ が存在し，ρ は既約成分に自明表現を含まないことはわかる．現在までのところ，$L_F(s, \rho)$ は有理型関数であることまではわかっているが整関数であること——それをアルティンが予想したので「アルティン予想」と呼ばれている——は出来ていないのである．

1970 年にラングランズが提出した非可換類体論予想によれば

$$L_F(s, \rho) = L_F(s, \pi)$$

となる $GL(n-1, \mathbb{A}_F)$ の自明表現を含まぬ保型表現 π が存在する（$\mathbb{A}_F$ は F のアデール環）．これが正しければ $L_F(s, \pi)$ は整関数ということから $L_F(s, \rho)$ が整関数となることが出て，したがっ

て，$\zeta_K(s)/\zeta_F(s)$ が整関数というデデキント予想が導き出される
ことになる．つまり，

$$\boxed{\text{非可換類体論予想}} \quad \Rightarrow \quad \boxed{\text{アルティン予想}}$$
$$\Rightarrow \quad \boxed{\text{デデキント予想}}$$

という流れになる．ただし，現在までのところ，非可換類体論
予想は一般には確立されていないので，デデキント予想は（アル
ティン予想も）解決には至っていない．

▌9.2　類体論と進化

　類体論とその拡張をゼータの進化から見ると次の図のように
なる．上から下への流れの矢印が付けてあるが，これが進化の
向きである．逆に流れをたどるとゼータの統合像になる．

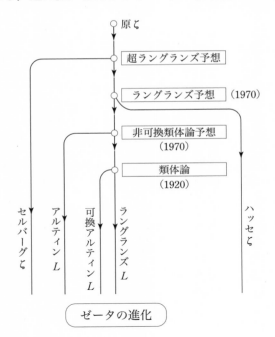

　また，面白いことに，物理学における力の進化像とも通い合うところがあるので比較のために描いておこう．

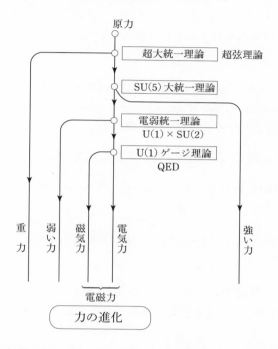

力の進化

　類体論は高木貞治が1920年の論文「相対アーベル代数体の理論（ドイツ語）」にて確立したものである．数学史的解説は，高木貞治『近世数学史談』に収録された「回顧と展望」などを見られたい．とくに，1914年に起った第一次世界大戦にて情報が入って来なくなって自分一人で考えねばならなくなったことが功を奏したという高木の回想である（1918–1920にはウイルスによるパンデミックもあった）．それからちょうど百年経った2020年〜2021年も新型コロナウイルスの影響で出入国禁止も増えて，自分一人で考えねばならなくなっているのは，奇遇である．いずれにしても，世界の数学者を訪ね回る風なやり方では本物の数学研究ができないのは当然である．

　高木貞治の1920年の論文は類体論を証明したものとして有名

である．実は，その証明は前半で完了していて，後半は類体論の応用として「クロネッカー青春の夢（類体＝アーベル拡大体の明示構成）」を虚二次体の場合（それはクロネッカーが当面の問題として考えた場合である）に完全なる解決を与えている．具体的には

Capital V. Anwendung auf die Theorie der complexen Multiplication der elliptischen Functionen（第 5 章　楕円関数に関する虚数乗法論への応用）

の最後の定理 37 がその解決である．証明方針は

(1) 楕円関数の等分値が虚二次体上のアーベル拡大を与えることを示す

(2) 虚二次体上のアーベル拡大は (1) のもので尽きることを示す

という二つの部分から成る．このうち，(1) はアーベルやクロネッカー以来の「虚数乗法論」の研究によるが，基本的には，楕円関数の「倍角公式」「加法公式」である．難しいのは (2) であり，高木類体論を虚二次体上のアーベル拡大体の記述に用いると，それらは虚二次体のイデアル類群によって限定されて，楕円関数の等分値によって与えられるもので尽きる，という流れである．高木類体論の見事な応用である．

　クロネッカー青春の夢とは 1853 年にクロネッカーが出版した論文にて提出した問題であり，数論研究者の目標となっていたものである．それは，「代数体 F（有理数体 $\mathbb{Q}$ の有限次拡大体）上のアーベル拡大体を等分値（あるいは特殊値）によって与える関数を構成せよ」というものである．この問題に関して，クロネッカー自身で $F = \mathbb{Q}$ の場合は指数関数（三角関数）によって与えられることを証明し，虚二次体の場合には楕円関数が求めるものであろうと予想し，一般の代数体の場合にも重要な関数

によって解けるだろうと推測したのである．クロネッカー青春の夢（ドイツ語：Kroneckers Jugendtraum）は 1900 年の夏にパリで開催された第 2 回国際数学者会議（ICM）にてヒルベルトが提示した『数学の問題』の第 12 問に入る有名問題となっていた．

虚二次体の場合の研究結果は日本人によって独占的に得られた：

(1) 1903 年に高木貞治が $F = \mathbb{Q}(\sqrt{-1})$ の場合を東京大学における学位論文にて解決（研究は 1901 年にヒルベルトのところで行った）．

(2) 1916 年に竹内端三が $F = \mathbb{Q}(\sqrt{-3})$ の場合を解決．

(3) 1920 年に高木貞治が任意の虚二次体の場合を解決．これは，虚数乗法論と類体論の連合によって得られたものであった．

さて，クロネッカー青春の夢は，有理数体と虚二次体の場合は完了したのであるが，それ以外の代数体では，現在までに完了したものはない．また，進展も総虚な体と総実の体の場合に限られている．前者は，志村五郎（1930–2019）および谷山豊（1927–1958）による高次元虚数乗法論であり，関数としてはアーベル関数が使われるのであるが，虚二次体を除けば完全な結果は得られていない．つまり，すべてのアーベル拡大体の構成には至っていない．後者については，新谷卓郎（1943–1980）が多重三角関数を用いて詳細かつ独創的な研究を行った（1977 年出版の論文において開始）．

なお，新谷の研究と多重三角関数の詳細については

黒川信重『現代三角関数論』岩波書店，2013 年

を読まれたい．

この辺で類体論に戻ると，1920 年に証明された基本定理は，代数体 F の最大アーベル拡大体を F^{ab} としたときガロア群

$$\mathrm{Gal}(F^{ab}/F) = \mathrm{Gal}(\overline{F}/F)^{ab}$$
$$= \mathrm{Gal}(\overline{F}/F)\Big/\overline{[\mathrm{Gal}(\overline{F}/F),\mathrm{Gal}(\overline{F}/F)]}$$

を

$$\mathrm{Gal}(F^{ab}/F) \cong C_F/C_F^{\circ}$$

と同定するというものである（もともとは「イデアル類群」による記述であったが「イデール類群」で書く）．ここで，

$$C_F = GL(1,F)\backslash GL(1,\mathbb{A}_F)$$

はイデール類群（$\mathbb{A}_F$ はアデール環）であり，C_F° は 1 の連結成分である．

一方，1970 年にラングランズにより提出された非可換類体論予想とは，代数体 F に対して L 関数を保つ対応

$$\left\{\rho \left| \begin{matrix} \rho はガロア表現 \\ \mathrm{Gal}(\overline{F}/F) \to GL(n,\mathbb{C}) \end{matrix}\right.\right\} \longrightarrow \left\{\pi \left| \begin{matrix} \pi は GL(n,\mathbb{A}_F) の \\ 保型表現 \end{matrix}\right.\right\}$$
$$\cup \qquad\qquad\qquad\qquad\qquad \cup$$
$$\rho \longmapsto \pi$$
$$L_F(s,\rho) = L_F(s,\pi)$$

を予想するものであり，$n=1$ のときは類体論と一致する．$n \geqq 2$ の場合には――大きな進歩が成されては来ているものの――完全に証明されている場合はない．また，見た目には微妙な差に映るが，より一般化した対応

$$\left\{\rho \left| \begin{matrix} \rho はガロア表現 \\ \mathrm{Gal}(\overline{F}/F) \to GL(n,\mathbb{C}_\ell) \end{matrix}\right.\right\} \longrightarrow \left\{\pi \left| \begin{matrix} \pi は GL(n,\mathbb{A}_F) の \\ 保型表現 \end{matrix}\right.\right\}$$
$$\cup \qquad\qquad\qquad\qquad\qquad \cup$$
$$\rho \longmapsto \pi$$
$$L_F(s,\rho) = L_F(s,\pi)$$

はラングランズ予想と呼ばれていて（$\mathbb{C}_\ell$ は $\mathbb{Q}_\ell$ の代数的閉包の完備化），谷山豊が 1955 年に提出した谷山予想を含み（$L_F(s,\rho)$ はハッセゼータ関数を表示することができる），フェルマー予想

の証明（1995 年：ワイルズ＋テイラー）や佐藤テイト予想の証明（2011 年：テイラー達）において活躍したものである．ただし，非可換類体論予想とラングランズ予想を言葉の上では区別しない場合もある．

9.3 ガウス整数環

$F=\mathbb{Q}$, $K=\mathbb{Q}(\sqrt{-1})$ という簡単な場合にデデキント予想がどうなっているか見ておこう．これは，類体論の簡単な場合でもある．ここで，$\mathbb{Q}(\sqrt{-1})$ はガウス数体，その整数環 $\mathbb{Z}[\sqrt{-1}]$ はガウス整数環と呼ばれる．

このときは，

$$\zeta_F(s)=\zeta_\mathbb{Z}(s)=\sum_{n=1}^\infty n^{-s}=\prod_{p:\text{素数}}(1-p^{-s})^{-1},$$

$$\zeta_K(s)=\zeta_{\mathbb{Z}[\sqrt{-1}]}(s)=\frac{1}{4}\sum_{(m,n)\in\mathbb{Z}\times\mathbb{Z}-\{(0,0)\}}(m^2+n^2)^{-s}$$

$$=\zeta_\mathbb{Z}(s)L_\mathbb{Z}(s),$$

$$\frac{\zeta_K(s)}{\zeta_F(s)}=L_\mathbb{Z}(s)$$

となるので，$\zeta_K(s)/\zeta_F(s)$ が整関数となることが従うのである．ここで，

$$L_\mathbb{Z}(s)=\sum_{n\geq1\text{奇数}}(-1)^{\frac{n-1}{2}}n^{-s}$$

$$=\prod_{p:\text{奇素数}}(1-(-1)^{\frac{p-1}{2}}p^{-s})^{-1}$$

であり，整関数（ディリクレ L 関数）となる．

9.4 有限体版

有限体 $\mathbb{F}_q$ の n 次拡大体 $\mathbb{F}_{q^n}$ はアーベル拡大体であり，そのガロア群は n 次巡回群である．この場合に類体論の対応物を見

よう.

練習問題 1　等式

$$\zeta_{F_{q^n}}(s) = \prod_{k=0}^{n-1} \zeta_{F_q}\left(s + \frac{2\pi\sqrt{-1}}{n\log q}k\right)$$

を示せ.

（**解答**）

$$\zeta_{F_q}(s) = (1 - q^{-s})^{-1},$$
$$\zeta_{F_{q^n}}(s) = (1 - q^{-ns})^{-1}$$

なので, $\alpha = \dfrac{2\pi\sqrt{-1}}{n\log q}$ とおくと

$$\prod_{k=0}^{n-1} \zeta_{F_q}(s + k\alpha) = \prod_{k=0}^{n-1}\left(1 - \exp\left(\frac{2\pi\sqrt{-1}}{n}k\right)q^{-s}\right)^{-1}$$
$$= (1 - q^{-ns})^{-1}$$
$$= \zeta_{F_{q^n}}(s).$$

ただし, 等式

$$\prod_{k=0}^{n-1}\left(1 - \exp\left(\frac{2\pi\sqrt{-1}}{n}k\right)u\right) = 1 - u^n$$

を用いた.　　　　　　　　　　　　　　　　　　　　（**解答終**）

　たとえば, 2 次拡大の場合は

$$\zeta_{F_{q^2}}(s) = \zeta_{F_q}(s)\zeta_{F_q}\left(s + \frac{\pi\sqrt{-1}}{\log q}\right)$$

であり

$$\frac{\zeta_{F_{q^2}}(s)}{\zeta_{F_q}(s)} = \zeta_{F_q}\left(s + \frac{\pi\sqrt{-1}}{\log q}\right) = (1 + q^{-s})^{-1}$$

となる. これは整関数ではないが, $\zeta_{F_{q^2}}(s)/\zeta_{F_q}(s)$ がゼータ関数（L 関数）となるという意味合いでは「$\zeta_{F_{q^2}}(s)$ は $\zeta_{F_q}(s)$ で " 割り切れる "」と見ることも可能である. より正確には, 零点・極の

遺伝を見ればよい：$\zeta_{F_q}(s)$ の極は $s = \dfrac{2\pi\sqrt{-1}}{\log q}m\ (m \in \mathbb{Z})$ であり，すべて 1 位で零点は無しなので，それらはすべて $\zeta_{F_{q^2}}(s)$ の極 $s = \dfrac{\pi\sqrt{-1}}{\log q}m\ (m \in \mathbb{Z})$ に含まれる（零点は無し）．第 10 章参照．

9.5 絶対ゼータ版

絶対ゼータ関数においてデデキント予想や類体論の何らかの類似を考えよう．そのために，$\mathbb{C}(f)$ と $\mathbb{R}(f)$ という対を提案する．ここで，$f(x)$ は絶対保型形式であり，絶対保型性は

$$f\left(\frac{1}{x}\right) = Cx^{-D}f(x) \quad (x > 0)$$

である．このとき，

$$f_{\mathbb{C}}(x) = \frac{f(x)}{1 - x^{-1}},$$

$$f_{\mathbb{R}}(x) = \frac{f(x)}{1 - x^{-2}}$$

として，

$$\zeta_{\mathbb{C}(f)}(s) = \zeta_{f_{\mathbb{C}}}(s),$$

$$\zeta_{\mathbb{R}(f)}(s) = \zeta_{f_{\mathbb{R}}}(s)$$

と定義するのである．わかりやすいのはローラン多項式

$$f(x) = \sum_k a(k)x^k \in \mathbb{Z}[x, x^{-1}]$$

のときであり，以下ではその場合に限定してもほぼ良い：

$$\zeta_{\mathbb{C}(f)}(s) = \prod_k \zeta_{\mathbb{C}}(s-k)^{a(k)},$$

$$\zeta_{\mathbb{R}(f)}(s) = \prod_k \zeta_{\mathbb{R}}(s-k)^{a(k)}$$

となる．ただし，

$$\zeta_{\mathrm{C}}(s) = \frac{\Gamma(s)}{\sqrt{2\pi}} = \Gamma_1(s, (1)),$$

$$\zeta_{\mathrm{R}}(s) = \frac{\Gamma\left(\dfrac{s}{2}\right)}{\sqrt{2\pi}} 2^{\frac{s-1}{2}} = \Gamma_1(s, (2))$$

である.

9.6　分解則

練習問題 2　等式

$$\zeta_{\mathrm{C}(f)}(s) = \zeta_{\mathrm{R}(f)}(s)\zeta_{\mathrm{R}(f)}(s+1)$$

を示せ.

[解 答]

$$f_{\mathrm{C}}(x) = \frac{f(x)}{1-x^{-1}} = \frac{(1+x^{-1})f(x)}{1-x^{-2}}$$

$$= f_{\mathrm{R}}(x) + x^{-1}f_{\mathrm{R}}(x)$$

であるから

$$\zeta_{\mathrm{C}(f)}(s) = \zeta_{\mathrm{R}(f)}(s)\zeta_{\mathrm{R}(f)}(s+1). \qquad \text{[解答終]}$$

9.7　ガンマ因子の三角関数

二つの三角関数 $S_{\mathrm{C}}(s)$ と $S_{\mathrm{R}}(s)$ を

$$S_{\mathrm{C}}(s) = 2\sin(\pi s) = S_1(s, (1)),$$

$$S_{\mathrm{R}}(s) = 2\sin\left(\frac{\pi s}{2}\right) = S_1(s, (2))$$

と定める. これらがガンマ因子を与える.

練習問題 3　次を示せ.

(1) $\zeta_{\mathbb{C}}(s) = \zeta_{\mathbb{R}}(s)\zeta_{\mathbb{R}}(s+1)$.

(2) $S_{\mathbb{C}}(s) = S_{\mathbb{R}}(s)S_{\mathbb{R}}(s+1)$.

(3) $\zeta_{\mathbb{C}}(1-s)^{-1} = \zeta_{\mathbb{C}}(s)S_{\mathbb{C}}(s)$.

(4) $\zeta_{\mathbb{R}}(2-s)^{-1} = \zeta_{\mathbb{R}}(s)S_{\mathbb{R}}(s)$.

解答

(1) は練習問題 2 で $f(x) = 1$（定数）としたものであり，等式

$$\frac{1}{1-x^{-1}} = \frac{1}{1-x^{-2}} + x^{-1}\frac{1}{1-x^{-2}}$$

から来る.

(2) 2 倍角の公式より

$$
\begin{aligned}
S_{\mathbb{C}}(s) &= 2\sin(\pi s)\\
&= 2\sin\left(\frac{\pi s}{2}\right)\cdot 2\cos\left(\frac{\pi s}{2}\right)\\
&= 2\sin\left(\frac{\pi s}{2}\right)\cdot 2\sin\left(\frac{\pi(s+1)}{2}\right)\\
&= S_{\mathbb{R}}(s)S_{\mathbb{R}}(s+1).
\end{aligned}
$$

(3)
$$
\begin{aligned}
\zeta_{\mathbb{C}}(1-s)^{-1}\zeta_{\mathbb{C}}(s)^{-1} &= \left(\frac{\Gamma(1-s)}{\sqrt{2\pi}}\right)^{-1}\left(\frac{\Gamma(s)}{\sqrt{2\pi}}\right)^{-1}\\
&= 2\cdot\frac{\pi}{\Gamma(1-s)\Gamma(s)}\\
&= 2\sin(\pi s)\\
&= S_{\mathbb{C}}(s).
\end{aligned}
$$

(4)
$$
\begin{aligned}
\zeta_{\mathbb{R}}(2-s)^{-1}\zeta_{\mathbb{R}}(s)^{-1} &= \left(\frac{\Gamma\left(\frac{2-s}{2}\right)}{\sqrt{2\pi}}2^{\frac{1-s}{2}}\right)^{-1}\left(\frac{\Gamma\left(\frac{s}{2}\right)}{\sqrt{2\pi}}2^{\frac{s-1}{2}}\right)^{-1}\\
&= 2\cdot\frac{\pi}{\Gamma\left(\frac{2-s}{2}\right)\Gamma\left(\frac{s}{2}\right)}\\
&= 2\sin\left(\frac{\pi s}{2}\right)\\
&= S_{\mathbb{R}}(s).
\end{aligned}
$$

［解答終］

9.8　関数等式

ローラン多項式

$$f(x) = \sum_k a(k)x^k \in \mathbb{Z}[x, x^{-1}]$$

に対して $\zeta_{\mathbb{C}(f)}(s)$ と $\zeta_{\mathbb{R}(f)}(s)$ のガンマ因子は

$$S_{\mathbb{C}(f)}(s) = \prod_k S_{\mathbb{C}}(s-k)^{a(k)},$$

$$S_{\mathbb{R}(f)}(s) = \prod_k S_{\mathbb{R}}(s-k)^{a(k)}$$

で与えられる．実際，次が成立する．

練習問題 4　関数等式を示せ．

(1) $\zeta_{\mathbb{C}(f)}(D+1-s)^{-C} = \zeta_{\mathbb{C}(f)}(s) S_{\mathbb{C}(f)}(s)$.

(2) $\zeta_{\mathbb{R}(f)}(D+2-s)^{-C} = \zeta_{\mathbb{R}(f)}(s) S_{\mathbb{R}(f)}(s)$.

解答　まず，

$$f\left(\frac{1}{x}\right) = Cx^{-D}f(x) \Longleftrightarrow Ca(k) = a(D-k)$$

に注意しておく．

(1)
$$\begin{aligned}
\zeta_{\mathbb{C}(f)}(D+1-s)^{-C} &= \prod_k \zeta_{\mathbb{C}}(D+1-s-k)^{-Ca(k)} \\
&= \prod_k \zeta_{\mathbb{C}}(1-(s-(D-k)))^{-a(D-k)} \\
&= \prod_k \zeta_{\mathbb{C}}(1-(s-k))^{-a(k)}
\end{aligned}$$

となる．ただし，$k \longleftrightarrow D-k$ の置き換えをしている．ここで，
練習問題 3 の関数等式を用いると

$$\zeta_{\mathbb{C}}(1-(s-k))^{-1} = \zeta_{\mathbb{C}}(s-k) S_{\mathbb{C}}(s-k)$$

となることから

$$\begin{aligned}
\zeta_{\mathbb{C}(f)}(D+1-s)^{-C} &= \prod_k (\zeta_{\mathbb{C}}(s-k) S_{\mathbb{C}}(s-k))^{a(k)} \\
&= \prod_k \zeta_{\mathbb{C}}(s-k)^{a(k)} \times \prod_k S_{\mathbb{C}}(s-k)^{a(k)} \\
&= \zeta_{\mathbb{C}(f)}(s) S_{\mathbb{C}(f)}(s).
\end{aligned}$$

(2)
$$\zeta_{\mathrm{R}(f)}(D+2-s)^{-C} = \prod_k \zeta_{\mathrm{R}}(D+2-s-k)^{-Ca(k)}$$
$$= \prod_k \zeta_{\mathrm{R}}(2-(s-(D-k)))^{-a(D-k)}$$
$$= \prod_k \zeta_{\mathrm{R}}(2-(s-k))^{-a(k)}$$
$$= \prod_k (\zeta_{\mathrm{R}}(s-k) S_{\mathrm{R}}(s-k))^{a(k)}$$
$$= \zeta_{\mathrm{R}(f)}(s) S_{\mathrm{R}(f)}(s).$$

［解答終］

9.9 無ガンマ因子

ガンマ因子が 1 となる場合を調べてみよう.

練習問題 5 $f(x) \in \mathbb{Z}[x, x^{-1}]$ に対して $S_{\mathrm{C}(f)}(s)$ を求めよ.

解答

$$S_{\mathrm{C}(f)}(s) = \prod_k S_{\mathrm{C}}(s-k)^{a(k)}$$
$$= \prod_k (2\sin(\pi(s-k)))^{a(k)}$$

において

$$2\sin(\pi(s-k)) = (-1)^k \cdot 2\sin(\pi s)$$

を用いると

$$S_{\mathrm{C}(f)}(s) = \prod_k ((-1)^k \cdot (2\sin(\pi s)))^{a(k)}$$
$$= (-1)^{f'(1)} 2^{f(1)} (\sin(\pi s))^{f(1)}$$

となる. ただし,

$$f(1) = \sum_k a(k),$$
$$f'(1) = \sum_k k a(k)$$

である.

［解答終］

— 161 —

> **練習問題 6**　次は同値であることを示せ:
> (1)　$\zeta_{\mathrm{C}(f)}(D+1-s)^{-c} = \zeta_{\mathrm{C}(f)}(s)$.
> (2)　$S_{\mathrm{C}(f)}(s) = 1$
> (3)　$f(1) = 0$ であり $f'(1)$ は偶数.

解答　(1) $\Leftrightarrow$ (2) は練習問題 4 (1) より.

(3) $\Rightarrow$ (2)：$S_{\mathrm{C}(f)}(s) = (-1)^{f'(1)} 2^{f(1)} (\sin(\pi s))^{f(1)}$
であるから，$f(1) = 0$ かつ $f'(1)$ 偶数のとき $S_{\mathrm{C}(f)}(s) = 1$.

(2) $\Rightarrow$ (3)：$S_{\mathrm{C}(f)}(s) = 1$ とする．もし，$f(1) \neq 0$
なら $S_{\mathrm{C}(f)}(s)$ は $s \in \mathbb{Z}$ において零点（$f(1) > 0$ のとき）または極（$f(1) < 0$ のとき）を持つことになってしまうので，$f(1) = 0$ である．したがって

$$S_{\mathrm{C}(f)}(s) = (-1)^{f'(1)}$$

となる．よって，$f'(1)$ は偶数である． ［**解答終**］

例　$f(x) = (x-1)^r \ (r \geqq 2)$ なら
$$\zeta_{\mathrm{C}(f)}(s) = \zeta_{\mathrm{G}_m^{r-1}/\mathrm{F}_1}(s-1),$$
$$S_{\mathrm{C}(f)}(s) = 1.$$

練習問題 6 とまったく同様にして $S_{\mathrm{R}(f)}(s) = 1$ の条件を次の通り求めることができる．

> **練習問題 7**　次は同値であることを示せ:
> (1)　$\zeta_{\mathrm{R}(f)}(D+2-s)^{-c} = \zeta_{\mathrm{R}(f)}(s)$.
> (2)　$S_{\mathrm{R}(f)}(s) = 1$.
> (3)　$f(1) = f(-1) = 0$ かつ $f'(1) \equiv 0 \mod 4$.

解答　(1) $\Leftrightarrow$ (2) は練習問題 4 (2) より.

(2) ⇔ (3) は明示公式

$$S_{\mathbb{R}(f)}(s) = 2^{f(1)} i^{f'(1)} i^{\frac{f(1)-f(-1)}{2}}$$

$$\times \left(\sin\frac{\pi s}{2}\right)^{\frac{f(1)+f(-1)}{2}} \left(\cos\frac{\pi s}{2}\right)^{\frac{f(1)-f(-1)}{2}}$$

から得られる．その証明は

$$S_{\mathbb{R}(f)}(s) = \prod_k \left(2\sin\left(\frac{\pi(s-k)}{2}\right)\right)^{a(k)}$$

$$= 2^{f(1)} \times \prod_{k\,;\,\text{偶数}} \left(i^k \sin\left(\frac{\pi s}{2}\right)\right)^{a(k)}$$

$$\times \prod_{k\,;\,\text{奇数}} \left(i^{k+1} \cos\left(\frac{\pi s}{2}\right)\right)^{a(k)}$$

とすればよい． [解答終]

　ゼータの計算は楽しい．やや面倒そうな計算は，より一層楽しくて時間を忘れる．ここでは $A \subset B$（親・子）という場合のみ考えたが $A \subset B \subset C$（親・子・孫）という三つ組を調べるのも楽しい．

第 10 章

遺伝する零点と極

ゼータにおいて遺伝するのは零点と極とわかってきたので，これをもっと多くの例で確かめてみよう．そのためには，零点と極がどのようになっているときに遺伝していると言えるのかを省察することも必要となる．すると，ゼータ関数の商が整関数（正則関数）という通常の整除性では不充分なことが判明する．つまり，「整除性」を改めて考え直さねばならないので，そこからはじめよう．

10.1 整除性

ゼータ関数 $Z_1(s)$ と $Z_2(s)$ に対して簡単な整除性は

$$Z_1(s) \,|\, Z_2(s) \Longleftrightarrow \frac{Z_2(s)}{Z_1(s)} \text{ は整関数}$$

である．たとえば，既に紹介したデデキント予想とは，K/F が代数体の有限次拡大体の場合に

$$\zeta_{\mathcal{O}_F}(s) \,|\, \zeta_{\mathcal{O}_K}(s) \Longleftrightarrow \frac{\zeta_{\mathcal{O}_K}(s)}{\zeta_{\mathcal{O}_F}(s)} \text{ は整関数}$$

と定式化している（$\mathcal{O}_F$ は F の整数環であり，$\mathcal{O}_K$ は K の整数環）が，これは $(s-1)\zeta_{\mathcal{O}_F}(s)$ と $(s-1)\zeta_{\mathcal{O}_K}(s)$ が整関数なので，それらの整除性と同値となり，もっともな特徴付であると納得される；ここのゼータはハッセゼータ．

では，（本質的に）整関数とは限らないゼータ関数の場合には

どうするのが妥当であろうか，思案のしどころである．それには，「遺伝」の意向を取り込む必要がある．そこで，有理型関数（整関数の商）$Z_1(s)$ と $Z_2(s)$ に対して「新しい整除性 $\|$」を

$\quad Z_1(s) \| Z_2(s) \Longleftrightarrow Z_1(s)$ の零点・極は $Z_2(s)$ の零点・極に

$\quad$ 含まれる（位数込み）

と決めるのが良いことがわかる．つまり，「$s = s_0$ が $Z_1(s)$ の位数 $m(s_0)$ の零点・極なら，$s = s_0$ は $Z_2(s)$ の位数が $m(s_0)$ 以上の零点・極となる」という条件である（読者は，「整関数：有理型関数＝整数：有理数」という類比から有理数の「整除性」を研究されたい）．

もちろん，たとえば

$$\zeta_{O_F}(s) \| \zeta_{O_K}(s) \Longleftrightarrow \zeta_{O_F}(s) | \zeta_{O_K}(s)$$

であり，デデキント予想に関しては，どちらの「整除性」でも同じことになる．一方，$f(x) = x^3 - x$ に対する絶対ゼータ関数の連合体

$$\zeta_{\mathbb{R}(f)}(s) = \frac{\zeta_{\mathbb{R}}(s-3)}{\zeta_{\mathbb{R}}(s-1)} = \frac{1}{s-3},$$

$$\zeta_{\mathbb{C}(f)}(s) = \frac{\zeta_{\mathbb{C}}(s-3)}{\zeta_{\mathbb{C}}(s-1)} = \frac{1}{(s-3)(s-2)}$$

$$= \zeta_{\mathbb{R}(f)}(s) \zeta_{\mathbb{R}(f)}(s+1)$$

の場合では

$$\zeta_{\mathbb{R}(f)}(s) \| \zeta_{\mathbb{C}(f)}(s)$$

であるが

$$\zeta_{\mathbb{R}(f)}(s) | \zeta_{\mathbb{C}(f)}(s)$$

ではない．ただし，

$$\zeta_{\mathbb{R}}(s) = \frac{\Gamma\left(\frac{s}{2}\right)}{\sqrt{2\pi}} 2^{\frac{s-1}{2}},$$

$$\zeta_{\mathbb{C}}(s) = \frac{\Gamma(s)}{\sqrt{2\pi}}$$

である．

ここでは，$Z_1(s)\|Z_2(s)$ という整除性を考えて行こう．成り立つ例を出来る限り見ておくことにする．

10.2 絶対ゼータ関数

絶対ゼータ関数の場合を研究してみよう．とくに，具体的問題として，絶対保型形式 $f(x)$ に対して

$$\zeta_{\mathbb{R}(f)}(s)\|\zeta_{\mathbb{C}(f)}(s)$$

が成立するかどうか調べよう．思い出しておくと，

$$\zeta_{\mathbb{R}(f)}(s)=\zeta_{f_{\mathbb{R}}}(s),$$

$$\zeta_{\mathbb{C}(f)}(s)=\zeta_{f_{\mathbb{C}}}(s)$$

であり，

$$f_{\mathbb{R}}(x)=\frac{f(x)}{1-x^{-2}},$$

$$f_{\mathbb{C}}(x)=\frac{f(x)}{1-x^{-1}}$$

である．つまり，$\zeta_{\mathbb{R}(f)}(s)$ は絶対保型形式 $f_{\mathbb{R}}(x)$ の絶対ゼータ関数であり，$\zeta_{\mathbb{C}(f)}(s)$ は絶対保型形式 $f_{\mathbb{C}}(x)$ の絶対ゼータ関数である．既に証明した通り，等式

$$f_{\mathbb{C}}(x)=(1+x^{-1})f_{\mathbb{R}}(x)$$

より

$$\zeta_{\mathbb{C}(f)}(s)=\zeta_{\mathbb{R}(f)}(s)\zeta_{\mathbb{R}(f)}(s+1)$$

が成立する．これらは，最も簡単な「原生物」(あるいは「ウイルス」)

$$\zeta_{\mathbb{F}_1}(s)=\frac{1}{s}$$

から派生したものである．

さらに，適当な代数多様体・スキーム X に対して

$$f_X(x)=|X(\mathbb{F}_x)|\in\mathbb{Z}[x]$$

を個数関数（x は，始めは素数べきに対して決まる）としたとき

$$\zeta_{X/\mathbb{R}}(s) = \zeta_{\mathbb{R}(f_X)}(s),$$
$$\zeta_{X/\mathbb{C}}(s) = \zeta_{\mathbb{C}(f_X)}(s)$$

という記述を使うことにする．これは，X のハッセゼータ関数 $\zeta_{X/\mathcal{O}_K}(s)$（$K$ は代数体，$\mathcal{O}_K$ は整数環）のガンマ因子が $\zeta_{X/\mathbb{R}}(s)^{r_1}\zeta_{X/\mathbb{C}}(s)^{r_2}$ となることに合致した書き方である：r_1 は K の実素点の個数であり，r_2 は K の複素素点（あるいは虚素点）の個数であって，完備ハッセゼータ関数は

$$\hat{\zeta}_{X/\mathcal{O}_K}(s) = \zeta_{X/\mathcal{O}_K}(s)\zeta_{X/\mathbb{R}}(s)^{r_1}\zeta_{X/\mathbb{C}}(s)^{r_2}$$

で与えられる．

具体例は，$SL(2)$ とそのべきから考えてみよう．「群を見るなら $SL(2)$ から（さらには，それだけで充分！）」という宣言は「ハリシュ・チャンドラ原理」と呼ばれる格言となっている．

練習問題 1　$m = 1, 2, 3, \cdots$ に対して $SL(2)^m$ を考える．

(1) $\zeta_{SL(2)^m/\mathbb{R}}(s)$ と $\zeta_{SL(2)^m/\mathbb{C}}(s)$ を求めよ．

(2) $\zeta_{SL(2)^m/\mathbb{R}}(s) \| \zeta_{SL(2)^m/\mathbb{C}}(s)$ を示せ．

解答

(1)

$$|SL(2, \mathbb{F}_x)| = \frac{|GL(2, \mathbb{F}_x)|}{|GL(1, \mathbb{F}_x)|}$$
$$= \frac{(x^2-1)(x^2-x)}{x-1} = x^3 - x$$

であるから

$$\frac{|SL(2, \mathbb{F}_x)^m|}{1-x^{-2}} = \frac{(x^3-x)^m}{1-x^{-2}} = x^{m+2}(x^2-1)^{m-1}$$
$$= x^{m+2}\sum_{k=0}^{m-1}(-1)^{m-1-k}\binom{m-1}{k}x^{2k}$$

となるので

$$\zeta_{SL(2)^m/\mathbb{R}}(s) = \prod_{k=0}^{m-1}(s-m-2-2k)^{(-1)^{m-k}\binom{m-1}{k}}$$

である．また，

$$\zeta_{SL(2)^m/\mathbb{C}}(s) = \zeta_{SL(2)^m/\mathbb{R}}(s)\,\zeta_{SL(2)^m/\mathbb{R}}(s+1)$$

$$= \prod_{k=0}^{m-1}((s-m-2-2k)(s-m-1-2k))^{(-1)^{m-k}\binom{m-1}{k}}$$

である．

(2) $\quad \dfrac{\zeta_{SL(2)^m/\mathbb{C}}(s)}{\zeta_{SL(2)^m/\mathbb{R}}(s)} = \zeta_{SL(2)^m/\mathbb{R}}(s+1)$

$$= \prod_{k=0}^{m-1}(s-m-1-2k)^{(-1)^{m-k}\binom{m-1}{k}}$$

の零点と極は $\zeta_{SL(2)^m/\mathbb{R}}(s)$ と重複しないので，

$$\zeta_{SL(2)^m/\mathbb{R}}(s) \,\|\, \zeta_{SL(2)^m/\mathbb{C}}(s)$$

が成立する． **（解答終）**

例1 $\quad m = 1.$

$$\zeta_{SL(2)/\mathbb{R}}(s) = \frac{1}{s-3} \quad [\text{関数等式 } s \longleftrightarrow 6-s],$$

$$\zeta_{SL(2)/\mathbb{C}}(s) = \frac{1}{(s-3)(s-2)} \quad [s \longleftrightarrow 5-s]$$

より

$$\zeta_{SL(2)/\mathbb{R}}(s) \,\|\, \zeta_{SL(2)/\mathbb{C}}(s).$$

例2 $\quad m = 2.$

$$\zeta_{SL(2)^2/\mathbb{R}}(s) = \frac{s-4}{s-6} \quad [s \longleftrightarrow 10-s],$$

$$\zeta_{SL(2)^2/\mathbb{C}}(s) = \frac{(s-4)(s-3)}{(s-6)(s-5)} \quad [s \longleftrightarrow 9-s]$$

より

$$\zeta_{SL(2)^2/\mathbb{R}}(s) \,\|\, \zeta_{SL(2)^2/\mathbb{C}}(s).$$

例3　$m = 3$.

$$\zeta_{SL(2)^3/\mathbb{R}}(s) = \frac{(s-7)^2}{(s-9)(s-5)} \quad [s \leftrightarrow 14-s],$$

$$\zeta_{SL(2)^3/\mathbb{C}}(s) = \frac{(s-7)^2(s-6)^2}{(s-9)(s-8)(s-5)(s-4)} \quad [s \leftrightarrow 13-s]$$

より

$$\zeta_{SL(2)^3/\mathbb{R}}(s) \,\|\, \zeta_{SL(2)^3/\mathbb{C}}(s).$$

10.3　シンプレクティック群

$$Sp(n) = \left\{ \begin{pmatrix} A & B \\ C & D \end{pmatrix} \,\middle|\, \begin{array}{l} A, B, C, D \text{ は } n \text{ 次正方行列で} \\ A^t B = B^t A, C^t D = D^t C, A^t D - B^t C = E_n \end{array} \right\}$$

は n 次のシンプレクティック群と呼ばれる．なお，同じ群を $Sp(2n)$ と書く流儀——とくに現代的には——もあるのでサイズがいくつのものを指しているかについては注意が必要である．また，種数 g のリーマン面のモジュライ空間との関係から $Sp(g)$ という記述もよく使われていた．

　一番簡単な場合は $Sp(1) = SL(2)$ のときであり，$Sp(1, \mathbb{Z}) = SL(2, \mathbb{Z})$ は楕円モジュラー群と呼ばれているものである．一般に，$Sp(n, \mathbb{Z})$ は n 次のジーゲルモジュラー群と呼ばれるものであり，それに対する保型形式が n 次のジーゲル保型形式である．保型形式の学習には $Sp(1, \mathbb{Z}) = SL(2, \mathbb{Z})$ およびその合同部分群に対する保型形式から始めるのが普通であるが，そこで止めずに，ジーゲルが開拓した一般のジーゲル保型形式を探求することにより底知れない深みを味わうことができる．私も，半世紀近く前にラマヌジャン予想をジーゲル保型形式へと拡張することにより反例や成立例を発見して充分に楽しむことができた．

練習問題2

(1) $\zeta_{Sp(n)/\mathbb{R}}(s)$ と $\zeta_{Sp(n)/\mathbb{C}}(s)$ を求めよ.

(2) $\zeta_{Sp(n)/\mathbb{R}}(s)\|\zeta_{Sp(n)/\mathbb{C}}(s)$ を示せ.

解答

(1)

$$|Sp(n,\mathbb{F}_x)| = x^{n^2}(x^2-1)(x^4-1)\cdots(x^{2n}-1)$$
$$= |GL(n,\mathbb{F}_{x^2})|x^n$$

である. よって

$$\frac{|Sp(n,\mathbb{F}_x)|}{1-x^{-2}} = x^{n^2+2}\prod_{k=2}^{n}(x^{2k}-1)$$
$$= x^{n^2+2}\sum_{J\subset\{2,\cdots,n\}}(-1)^{n-1-|J|}x^{2\|J\|}$$
$$= \sum_{J\subset\{2\cdots n\}}(-1)^{n-1-|J|}x^{2\|J\|+n^2+2}$$

となる. ここで, J は $\{2,3,\cdots,n\}$ の部分集合全体を動き, $|J|$ は J の元の個数を示し,

$$\|J\| = \sum_{j\in J}j$$

である.

したがって,

$$\zeta_{Sp(n)/\mathbb{R}}(s) = \prod_{J\subset\{2,\cdots,n\}}\zeta_{\mathbb{F}_1}(s-2\|J\|-n^2-2)^{(-1)^{n-1-|J|}}$$
$$= \prod_{J\subset\{2,\cdots,n\}}(s-2\|J\|-n^2-2)^{(-1)^{n-|J|}}$$

であり,

$$\zeta_{Sp(n)/\mathbb{C}}(s) = \zeta_{Sp(n)/\mathbb{R}}(s)\zeta_{Sp(n)/\mathbb{R}}(s+1)$$
$$= \prod_{J\subset\{2,\cdots,n\}}((s-2\|J\|-n^2-2)\times(s-2\|J\|-n^2-1))^{(-1)^{n-|J|}}$$

となる.

(2)
$$\frac{\zeta_{Sp(n)/\mathbb{C}}(s)}{\zeta_{Sp(n)/\mathbb{R}}(s)} = \zeta_{Sp(n)/\mathbb{R}}(s+1)$$

$$= \prod_{J \subset \{2, \cdots, n\}} (s - 2\|J\| - n^2 - 1)^{(-1)^{n-|J|}}$$

の零点・極は $\zeta_{Sp(n)/\mathbb{R}}(s)$ の零点・極と重複しないので

$$\zeta_{Sp(n)/\mathbb{R}}(s) \| \zeta_{Sp(n)/\mathbb{C}}(s)$$

である. **（解答終）**

例1　$Sp(1)\ (= SL(2))$.

$$\zeta_{Sp(1)/\mathbb{R}}(s) = \frac{1}{s-3}\ [\text{関数等式は} s \leftrightarrow 6-s],$$

$$\zeta_{Sp(1)/\mathbb{C}}(s) = \frac{1}{(s-3)(s-2)}\ [s \leftrightarrow 5-s]$$

より

$$\zeta_{Sp(1)/\mathbb{R}}(s) \| \zeta_{Sp(1)/\mathbb{C}}(s).$$

例2　$Sp(2)$.

$$\zeta_{Sp(2)/\mathbb{R}}(s) = \frac{s-6}{s-10}\ [s \leftrightarrow 16-s],$$

$$\zeta_{Sp(2)/\mathbb{C}}(s) = \frac{(s-6)(s-5)}{(s-10)(s-9)}\ [s \leftrightarrow 15-s]$$

より

$$\zeta_{Sp(2)/\mathbb{R}}(s) \| \zeta_{Sp(2)/\mathbb{C}}(s).$$

例3　$Sp(3)$.

$$\zeta_{Sp(3)/\mathbb{R}}(s) = \frac{(s-17)(s-15)}{(s-21)(s-11)}\ [s \leftrightarrow 32-s],$$

$$\zeta_{Sp(3)/\mathbb{C}}(s) = \frac{(s-17)(s-16)(s-15)(s-14)}{(s-21)(s-20)(s-11)(s-10)}\ [s \leftrightarrow 31-s]$$

より

$$\zeta_{Sp(3)/\mathbb{R}}(s) \| \zeta_{Sp(3)/\mathbb{C}}(s).$$

10.4 特殊線形群

$SL(2)$ を拡張するものとして $Sp(n)$ や $SL(2)^n$ を扱ったが，別の系列もある：

$$SL(2) \left\{ \begin{array}{l} Sp(n)：シンプレクティック群（ジーゲル群）\\ SL(2)^n：ヒルベルト群 \\ SL(n)：特殊線形群. \end{array} \right.$$

練習問題 3　$n = 2, 3, 4, 5, 6$ に対して

$$\zeta_{SL(n)/\mathbb{R}}(s) \| \zeta_{SL(n)/\mathbb{C}}(s)$$

が成立するかどうか調べよ．

解答　$n = 2, 3, \cdots, 6$ を順に計算すればよい．一般の n に対して

$$|SL(n, \mathbb{F}_x)| = \frac{|GL(n, \mathbb{F}_x)|}{x-1}$$
$$= x^{\frac{n(n-1)}{2}}(x^2-1)(x^3-1)\cdots(x^n-1)$$

であるから，

$$f_{\mathbb{R}}^n(x) = \frac{|SL(n, \mathbb{F}_x)|}{1-x^{-2}}$$
$$= x^{\frac{n(n-1)}{2}+2}(x^3-1)(x^4-1)\cdots(x^n-1)$$

としたときに

$$\zeta_{SL(n)/\mathbb{R}}(s) = \zeta_{f_{\mathbb{R}}^n}(s)$$

となり

$$\zeta_{SL(n)/\mathbb{C}}(s) = \zeta_{SL(n)/\mathbb{R}}(s)\,\zeta_{SL(n)/\mathbb{R}}(s+1)$$

である．

(1)　$n = 2$ のときは（既に見た通り）

$$f_{\mathbb{R}}^2(x) = x^3$$

であり

$$\zeta_{SL(2)/\mathbb{R}}(s) = \frac{1}{s-3} \quad [s \longleftrightarrow 6-s],$$

$$\zeta_{SL(2)/\mathbb{C}}(s) = \frac{1}{(s-3)(s-2)} \quad [s \longleftrightarrow 5-s]$$

より

$$\zeta_{SL(2)/\mathbb{R}}(s) \,\|\, \zeta_{SL(2)/\mathbb{C}}(s).$$

(2) $n = 3$ のときは

$$f_{\mathbb{R}}^{3}(x) = x^5(x^3-1) = x^8 - x^5$$

より

$$\zeta_{SL(3)/\mathbb{R}}(s) = \frac{s-5}{s-8} \quad [s \longleftrightarrow 13-s],$$

$$\zeta_{SL(3)/\mathbb{C}}(s) = \frac{(s-5)(s-4)}{(s-8)(s-7)} \quad [s \longleftrightarrow 12-s]$$

なので

$$\zeta_{SL(3)/\mathbb{R}}(s) \,\|\, \zeta_{SL(3)/\mathbb{C}}(s).$$

(3) $n = 4$ のときは

$$f_{\mathbb{R}}^{4}(x) = x^8(x^4-1)(x^3-1) = x^{15} - x^{12} - x^{11} + x^8$$

より

$$\zeta_{SL(4)/\mathbb{R}}(s) = \frac{(s-12)(s-11)}{(s-15)(s-8)} \quad [s \longleftrightarrow 23-s],$$

$$\zeta_{SL(4)/\mathbb{C}}(s) = \frac{(s-12)(s-11)^2(s-10)}{(s-15)(s-14)(s-8)(s-7)} \quad [s \longleftrightarrow 22-s]$$

より

$$\zeta_{SL(4)/\mathbb{R}}(s) \,\|\, \zeta_{SL(4)/\mathbb{C}}(s).$$

(4) $n = 5$ のときは

$$f_{\mathbb{R}}^{5}(x) = x^{12}(x^5-1)(x^4-1)(x^3-1)$$
$$= x^{24} - x^{21} - x^{20} - x^{19} + x^{17} + x^{16} + x^{15} - x^{12}$$

より

$$\zeta_{SL(5)/\mathbb{R}}(s) = \frac{(s-21)(s-20)(s-19)(s-12)}{(s-24)(s-17)(s-16)(s-15)} \quad [s \longleftrightarrow 36-s],$$

$$\zeta_{SL(5)/\mathbb{C}}(s) = \frac{(s-21)(s-20)^2(s-19)^2(s-18)(s-12)(s-11)}{(s-24)(s-23)(s-17)(s-16)^2(s-15)^2(s-14)}$$

$$[s \longleftrightarrow 35-s]$$

なので

$$\zeta_{SL(5)/\mathbb{R}}(s) \,\|\, \zeta_{SL(5)/\mathbb{C}}(s).$$

(5) $n=6$ のときは

$$f_{\mathbb{R}}^6(x) = x^{17}(x^6-1)(x^5-1)(x^4-1)(x^3-1)$$
$$= x^{35}-x^{32}-x^{31}-x^{30}-x^{29}+x^{28}+x^{27}+2x^{26}$$
$$+x^{25}+x^{24}-x^{23}-x^{22}-x^{21}-x^{20}+x^{17}$$

より

$$\zeta_{SL(6)/\mathbb{R}}(s)$$

$$= \frac{(s-32)(s-31)(s-30)(s-29)(s-23)(s-22)(s-21)(s-20)}{(s-35)(s-28)(s-27)(s-26)^2(s-25)(s-24)(s-17)}$$

$$[s \longleftrightarrow 52-s]$$

$$\zeta_{SL(6)/\mathbb{C}}(s)$$

$$= \frac{(s-32)(s-31)^2(s-30)^2(s-29)^2(s-22)^2(s-21)^2(s-20)^2(s-19)}{(s-35)(s-34)(s-27)^2(s-26)^3(s-25)^3(s-24)^2(s-17)(s-16)}$$

$$[s \longleftrightarrow 51-s]$$

なので

$$\zeta_{SL(6)/\mathbb{R}}(s) \,\nparallel\, \zeta_{SL(6)/\mathbb{C}}(s).$$

具体的には，$s=23$ は $\zeta_{SL(6)/\mathbb{R}}(s)$ の零点（1位）であるが $\zeta_{SL(6)/\mathbb{C}}(s)$ の零点ではなく，$s=28$ は $\zeta_{SL(6)/\mathbb{R}}(s)$ の極（1位）であるが $\zeta_{SL(6)/\mathbb{C}}(s)$ の極ではない． ［解答終］

10.5　有限体

有限体版の「デデキント予想」を考えよう．本来のデデキント予想とは代数的整数環 $A = \mathcal{O}_F$, $B = \mathcal{O}_K$ に対して

$$\zeta_A(s) \| \zeta_B(s) \Leftrightarrow A \subset B$$

を主張しているものであった（ちなみに⇒は不成立である）．ただし，ゼータはハッセゼータ関数

$$\zeta_A(s) = \prod_{P \in \mathrm{Specm}(A)} (1 - N(P)^{-s})^{-1},$$

$$N(P) = |A/P|$$

である．そこで，有限体版は次の通りとなる．

練習問題 4　有限体 A, B に対して

$$\zeta_A(s) \| \zeta_B(s) \Leftrightarrow A \subset B$$

が成立することを示せ．

解答　$|A| = q_1$, $|B| = q_2$ とすると，今の場合はゼータの零点はなく，

$\zeta_A(s) = \dfrac{1}{1 - q_1^{-s}}$ の極はすべて 1 位で $s \in \dfrac{2\pi\sqrt{-1}}{\log q_1} \mathbb{Z}$ にあり，

$\zeta_B(s) = \dfrac{1}{1 - q_2^{-s}}$ の極はすべて 1 位で $s \in \dfrac{2\pi\sqrt{-1}}{\log q_2} \mathbb{Z}$ にある．

また，

$$A \subset B \Leftrightarrow q_2 = q_1^n \quad (n \in \mathbb{Z}_{\geq 1})$$

$$\Leftrightarrow \frac{\log q_2}{\log q_1} \in \mathbb{Z}_{\geq 1}$$

である．したがって，

$$\zeta_A(s)\|\zeta_B(s) \Leftrightarrow \frac{2\pi\sqrt{-1}}{\log q_1}\mathbb{Z} \subset \frac{2\pi\sqrt{-1}}{\log q_2}\mathbb{Z}$$

$$\Leftrightarrow \frac{\log q_2}{\log q_1} \in \mathbb{Z}_{\geq 1}$$

$$\Leftrightarrow A \subset B. \qquad\qquad [\text{解答終}]$$

10.6　拡張整数環

N を平方因子のない自然数とするとき拡張整数環 $\mathbb{Z}\left[\frac{1}{N}\right]$ を考える．これは $\mathbb{Q}$ の部分環であり，N を相異なる素数の積 $N = p_1\cdots p_r$ に書いたとき，分母の素因子が $p_1,\cdots,p_r$ のみのものから成っている．そのハッセゼータ関数は

$$\zeta_{\mathbb{Z}[\frac{1}{N}]}(s) = \prod_{\substack{p\nmid N \\ p:\text{素数}}} (1-p^{-s})^{-1}$$

$$= \zeta_{\mathbb{Z}}(s)\prod_{p\mid N} (1-p^{-s})$$

となる．一般の自然数 N のときも，上記の場合に帰着する．

練習問題5 平方因子のない自然数 M, N に対して $A = \mathbb{Z}\left[\frac{1}{M}\right]$, $B = \left[\frac{1}{N}\right]$ とおく．このとき，次は同値であることを示せ．

(1) $\zeta_A(s)\|\zeta_B(s)$.

(2) $M\mid N$.

(3) $A \subset B$

解答 ゼータ関数は

$$\zeta_A(s) = \zeta_{\mathbb{Z}}(s)\prod_{p \mid M}(1-p^{-s}),$$

$$\zeta_B(s) = \zeta_{\mathbb{Z}}(s)\prod_{p \mid N}(1-p^{-s})$$

である.

$(1) \Leftrightarrow (2)$ ： $\zeta_A(s)\|\zeta_B(s) \Leftrightarrow \displaystyle\prod_{p \mid M}(1-p^{-s})\|\prod_{p \mid N}(1-p^{-s})$

$$\Leftrightarrow M \mid N.$$

$(2) \Leftrightarrow (3)$ ： $M \mid N \Leftrightarrow \mathbb{Z}\!\left[\dfrac{1}{M}\right] \subset \mathbb{Z}\!\left[\dfrac{1}{N}\right] \Leftrightarrow A \subset B.$

［解答終］

10.7　絶対リーマン面版

絶対リーマン面のゼータ関数とは
$$\alpha = (\alpha(1), \cdots, \alpha(g)) \in (\mathbb{R}_{\geq 0})^g$$
に対して

$$\zeta_\alpha(s) = \frac{\displaystyle\prod_{k=1}^{g}\left(\left(s-\frac{1}{2}\right)^2 + \alpha(k)^2\right)}{s(s-1)}$$

のことを指す（第1章）．ここで，$\alpha(1), \cdots, \alpha(g)$ を並べかえたものも同じゼータ関数を与えている.

練習問題6　$\zeta_\alpha(s)\|\zeta_\beta(s)$ となる条件を求めよ.

解答

$$\zeta_\alpha(s)\|\zeta_\beta(s) \Leftrightarrow \prod_{k=1}^{g}\left(\left(s-\frac{1}{2}\right)^2 + \alpha(k)^2\right) \left\| \prod_{\ell=1}^{g'}\left(\left(s-\frac{1}{2}\right)^2 + \beta(\ell)^2\right)\right.$$

$$\Leftrightarrow \{\alpha(1), \cdots, \alpha(g)\} \subset \{\beta(1), \cdots, \beta(g')\}$$

（重複度込み）

であるから，適当な γ に対して（並べかえ後に）連結和 $\beta = \alpha \,\#\, \gamma$ となることが必要十分条件である．　　　　　　　　[**解答終**]

10.8　有限ゼータ

有限ゼータとは，自然数 N に対する

$$\zeta_N(s) = \sum_{n \mid N} n^{-s}$$

である．これは，有限環 $\mathbb{Z}/(N)$ の井草ゼータ関数である．そのオイラー積表示は

$$\zeta_N(s) = \prod_{p:\text{素数}} \left(\sum_{k=0}^{\text{ord}_p(N)} p^{-ks} \right)$$

$$= \prod_{p:\text{素数}} \frac{1 - p^{-(\text{ord}_p(N)+1)s}}{1 - p^{-s}}$$

である．ここで，p は N の素因子に限定しても同じことである．

練習問題 7　自然数 M, N に対して次を示せ．
(1) $\zeta_M(s) \| \zeta_N(s) \Rightarrow M \mid N$.
(2) $\zeta_M(s) = \zeta_N(s) \Leftrightarrow M = N$.

[解 答]

(1) もし，$M \nmid N$ だったとすると，$\text{ord}_p(M) > \text{ord}_p(N)$ となる素数 p が存在する．そのとき，オイラー積表示から

$$\zeta_M\left(\frac{2\pi\sqrt{-1}}{(\text{ord}_p(M)+1)\log p} \right) = 0,$$

$$\zeta_N\left(\frac{2\pi\sqrt{-1}}{(\text{ord}_p(M)+1)\log p} \right) \neq 0$$

となるので，$\zeta_M(s) \nmid \zeta_N(s)$ である．なお，$\zeta_M(s)$ と $\zeta_N(s)$ は整関数なので「整除性 $\|$」を「整除性 $|$」にしても同じことである．

(2) ⇐ はあたりまえである．⇒ を示す．
$\zeta_M(s)=\zeta_N(s)$ とすると，$\zeta_M(s)\|\zeta_N(s)$ および $\zeta_N(s)\|\zeta_M(s)$ が成立するので (1) より $M\,|\,N$ および $N\,|\,M$ となる．よって，$M=N$.
（なお，(1) を用いない方法でも示せる．）　　　　　　　[解答終]

　ちなみに，この問題の (1) で ⇐ が不成立なことは，たとえば $\zeta_2(s)\nmid\zeta_4(s)$ や $\zeta_4(s)\nmid\zeta_8(s)$ を見ればわかる．また，$\zeta_2(s)\|\zeta_8(s)$，$\zeta_4(s)\|\zeta_{32}(s)$ である．一般に，問題としては精密な方が解きやすいのが普通なので，必要十分条件にして解いてみよう．

> **練習問題 8**　自然数 M,N に対して次を示せ：
> $\zeta_M(s)\|\zeta_N(s)\Leftrightarrow$ すべての素数 p に対して
> $$(\mathrm{ord}_p(M)+1)\,|\,(\mathrm{ord}_p(N)+1).$$

解答

⇐)　$$\frac{\zeta_N(s)}{\zeta_M(s)}=\prod_p\frac{1-p^{-(\mathrm{ord}_p(N)+1)s}}{1-p^{-(\mathrm{ord}_p(M)+1)s}}$$

であるから，$(\mathrm{ord}_p(M)+1)\,|\,(\mathrm{ord}_p(N)+1)$ ならば

$$\frac{1-p^{-(\mathrm{ord}_p(N)+1)s}}{1-p^{-(\mathrm{ord}_p(M)+1)s}}\in 1+p^{-s}\mathbb{Z}[p^{-s}]$$

となる．よって，$\zeta_M(s)\|\zeta_N(s)$.

⇒)　$p\,|\,M$ に対して

$$\zeta_M\left(\frac{2\pi\sqrt{-1}}{(\mathrm{ord}_p(M)+1)\log p}\right)=0$$

なので

$$\zeta_N\left(\frac{2\pi\sqrt{-1}}{(\mathrm{ord}_p(M)+1)\log p}\right)=0$$

である．したがって，オイラー積表示から

$$(\mathrm{ord}_p(M)+1)\,|\,(\mathrm{ord}_p(N)+1)$$

が成立する. [解答終]

もちろん,

　『すべての素数 p に対して $(\mathrm{ord}_p(M)+1)\,|\,(\mathrm{ord}_p(N)+1)$ 』

　　$\Rightarrow$『すべての素数 p に対して $\mathrm{ord}_p(M) \leqq \mathrm{ord}_p(N)$ 』

　　$\Leftrightarrow M\,|\,N$

であるから練習問題 8 から練習問題 7 (1) はすぐわかることになる.

例　　　$\zeta_4(s) \,\|\, \zeta_{32}(s),\ \zeta_4(s) \,\nmid\!\!\mid\, \zeta_8(s),\ \zeta_4(s) \,\nmid\!\!\mid\, \zeta_{16}(s)$

　ここの計算にも表れているが,「問題があったら精密化せよ」は数学研究の良い合言葉である.

第11章
オイラー積の秘密

　ゼータ進化の上で特別重要なものにオイラー積がある．これ
は，一般に，無限個のゼータが見事な連合体を成しているもの
であり（簡単な場合には有限個の連合体となる），そこに秘密が
ある．

　ゼータの性質，有理型性・関数等式・リーマン予想・深リー
マン予想，その段階の各々において何が統制しているのかが問
題である．ここでは，ハッセ型のオイラー積を重点的に調べよ
う．セルバーグ型のオイラー積にも触れる．

　数を見れば素因数に分解したいという願望はすべての人が持
っているはずである．素数概念を明確にしたのは2500年も昔の
イタリア南岸の港町クロトンに居たピタゴラス学派の人々であ
ったらしいことに驚かされる．素因数分解を現代数学で書くと
ゼータ関数のオイラー積分解ということになる．

11.1　ゼータ進化

　ゼータの進化を振り返ると，大きくわけて四つの系統に進化
してきた：

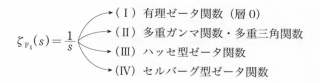

$$\zeta_{F_1}(s) = \frac{1}{s} \begin{cases} \text{（I）有理ゼータ関数（層 0）} \\ \text{（II）多重ガンマ関数・多重三角関数} \\ \text{（III）ハッセ型ゼータ関数} \\ \text{（IV）セルバーグ型ゼータ関数} \end{cases}$$

なお，これらは基盤を示しているので，たとえば，保型形式・保型表現のゼータ関数はハッセ型ゼータ関数の一種と考えている．

さらに，始原となるゼータ関数

$$\zeta_{\mathbb{F}_1}(s) = \frac{1}{s}$$

は一元体 $\mathbb{F}_1$ のゼータ関数であり，絶対保型形式 $f(x)=1$ に対応している．実際，

$$\zeta_{\mathbb{F}_1}(s) = \exp\left(\frac{\partial}{\partial w} Z_f(w,s) \Big|_{w=0} \right),$$

$$Z_f(w,s) = \frac{1}{\Gamma(w)} \int_1^\infty f(x) x^{-s-1} (\log x)^{w-1} dx$$

を計算すると，

$$Z_f(w,s) = \frac{1}{\Gamma(w)} \int_1^\infty x^{-s-1} (\log x)^{w-1} dx = s^{-w}$$

より

$$\zeta_{\mathbb{F}_1}(s) = \frac{1}{s}$$

を得る．これは，多重ガンマ関数から見れば

$$\zeta_{\mathbb{F}_1}(s) = \frac{1}{s} = \Gamma_0(s)$$

という 0 重ガンマ関数である（層 0）．

さて，（I）は $\zeta_{\mathbb{F}_1}(s)$ の有限個のずらし積・商であり，具体的には

$$\zeta_f(s) = \prod_k (s-k)^{-a(k)} = \prod_k \zeta_{\mathbb{F}_1}(s-k)^{a(k)}$$

となる．ただし，

$$f(x) = \sum_k a(k) x^k \in \mathbb{Z}[x, x^{-1}]$$

は絶対保型形式である．ちなみに，絶対保型性は

$$f\left(\frac{1}{x}\right) = C x^{-D} f(x)$$

である．このとき，$\zeta_f(s)$ の関数等式は

$$\zeta_f(D-s)^c = (-1)^{\chi(f)}\zeta_f(s)$$

となり

$$\chi(f) = f(1) = \sum_k a(k)$$

はオイラー標数である．

このように，ゼータ関数の中に有理関数を認めるべきであるという主張は 21 世紀の絶対ゼータ関数論によってはじめて得られた視点である．詳しくは

黒川信重『絶対ゼータ関数論』岩波書店，2016 年

黒川信重『絶対数学原論』現代数学社，2016 年

を読破されたい．絶対ゼータ関数論の一端を 1774 年〜1776 年にオイラーが研究していたことの発見（黒川，2017 年）の報告は

黒川信重『オイラーのゼータ関数論』現代数学社，2018 年 [『現代数学』2017 年 4 月号〜2018 年 3 月号連載]，

黒川信重『オイラーとリーマンのゼータ関数』日本評論社，2018 年

を見られたい．

11.2　多重ガンマ関数・多重三角関数

分類の（II）となる多重ガンマ関数・多重三角関数の起源となる多重ガンマ関数は 1904 年にバーンズが定式化したが，ここでは正規化した版を使う：

黒川信重『現代三角関数論』岩波書店，2013 年．

さらに，$\omega_1, \cdots, \omega_r \in \mathbb{C} - \{0\}$ が $\mathrm{Re}(\omega_j) > 0$ $(j = 1, \cdots, r)$ をみたすときの $\underline{\omega} = (\omega_1, \cdots, \omega_r)$ に限定しておく（より一般にすることができる）．このとき，絶対保型形式

$$f_{\underline{\omega}}(x) = \frac{1}{(1 - x^{-\omega_1}) \cdots (1 - x^{-\omega_r})}$$

に対する絶対ゼータ関数 $\zeta_{f_{\underline{\omega}}}(s)$ が多重ガンマ関数 $\Gamma_r(s, \underline{\omega})$ である：

$$\Gamma_r(s, \underline{\omega}) = \zeta_{f_{\underline{\omega}}}(s).$$

実際，$x > 1$ において

$$f_{\underline{\omega}}(x) = \sum_{n_1, \cdots, n_r \geq 0} x^{-(n_1 \omega_1 + \cdots + n_r \omega_r)}$$

なので

$$\begin{aligned}
Z_{f_{\underline{\omega}}}(w, s) &= \frac{1}{\Gamma(w)} \int_1^\infty f_{\underline{\omega}}(x) x^{-s-1} (\log x)^{w-1} dx \\
&= \sum_{n_1, \cdots, n_r \geq 0} (s + n_1 \omega_1 + \cdots + n_r \omega_r)^{-w} \\
&= \zeta_r(w, s, \underline{\omega})
\end{aligned}$$

より

$$\begin{aligned}
\zeta_{f_{\underline{\omega}}}(s) &= \exp\left(\frac{\partial}{\partial w} Z_{f_{\underline{\omega}}}(w, s) \Big|_{w=0} \right) \\
&= \exp\left(\frac{\partial}{\partial w} \zeta_r(w, s, \underline{\omega}) \Big|_{w=0} \right) \\
&= \left(\prod_{n_1, \cdots, n_r \geq 0} (s + n_1 \omega_1 + \cdots + n_r \omega_r) \right)^{-1} \\
&= \Gamma_r(s, \underline{\omega})
\end{aligned}$$

である．ただし，$\prod$ はゼータ正規積である．これは位数 r の有理型関数であり，位数 r のゼータ関数である（層 r）．とくに，

$$\Gamma_0(s) = \frac{1}{s} = \zeta_{\mathbb{F}_1}(s)$$

である．

多重ガンマ関数 $\Gamma_r(s, \underline{\omega})$ をゼータ関数と見て，その関数等式

に現れる"ガンマ因子"が多重三角関数 $S_r(s,\underline{\omega})$ である：

$$\Gamma_r(\omega_1+\cdots+\omega_r-s,\ \underline{\omega})^{(-1)^r}=S_r(s,\underline{\omega})\,\Gamma_r(s,\underline{\omega}).$$

ガンマ関数は

$$\Gamma_1(s,(1))=\frac{\Gamma(s)}{\sqrt{2\pi}}=\zeta_{\check{\mathbb{P}}^\infty/\mathbb{F}_1}(s)$$

というように，"無限次元"の絶対スキームのゼータ関数と捉えることができる：

Yu.I.Manin"Lectures on zeta functions and motives (according to Deninger and Kurokawa)"［ゼータ関数とモチーフの講義：デニンガーと黒川にちなんで］Asterisque **228** (1995) 121–163.

この講義録は「黒川テンソル積 (Kurokawa tensor product)」の名付けの初出であり，絶対数学のバイブルとなっている．絶対数学の最近の解説としては

O.Lorscheid"$\mathbb{F}_1$ for everyone"［すべての人の一元体］Jahresbericht der Deutschen Mathematiker-Vereinigung **120** (2018) 83–116［arXiv：1801.05337］

がわかりやすく書かれている．

なお，高次のガンマ関数の場合も，たとえば

$$\Gamma_r(s,(1,\cdots,1))=\zeta_{(\check{\mathbb{P}}^\infty)^{\otimes r}/\mathbb{F}_1}(s)=\zeta_{f_r}(s)$$

のように幾何的な絶対ゼータ関数と見ることができる．ここで，絶対保型式 $f_r(x)$ は

$$f_r(x)=\frac{1}{(1-x^{-1})^r}$$

である．

11.3　ハッセ型ゼータ関数

（Ⅲ）に分類されたハッセ型ゼータ関数とは，一般化された
"素数の集合" Specm(A) 上のオイラー積およびその変形版のこ
とである．ここで，

$$\mathrm{Specm}(A) = \{A \text{の極大イデアル}\}$$

であり，A は $\mathbb{Z}$ 上有限生成の可換環である．

ハッセゼータ関数 $\zeta_A(s)$ とは，単純なオイラー積

$$\zeta_A(s) = \prod_{m \in \mathrm{Specm}(A)} (1 - N(m)^{-s})^{-1}$$

のことであり，$\mathrm{Re}(s) > \dim(A)$ において絶対収束する．ただし，
m は A の極大イデアル全体を動き，

$$N(m) = |A/m|$$

は剰余体 A/m の元の個数である．ちなみに，ヒルベルト零点定
理の改良版より A/m は有限体となり，$2 \leqq N(m) < \infty$ である．

有限体 $\mathbb{F}_q$ に対しては

$$\zeta_{\mathbb{F}_q}(s) = (1 - q^{-s})^{-1}$$

である．したがって，一般に

$$\zeta_A(s) = \prod_{m \in \mathrm{Specm}(A)} \zeta_{A/m}(s)$$

となる．たとえば，$A = \mathbb{Z}$ のときの

$$\zeta_{\mathbb{Z}}(s) = \prod_{p:\text{素数}} \zeta_{\mathbb{F}_p}(s) = \prod_{p:\text{素数}} (1 - p^{-s})^{-1}$$

はリーマンゼータ関数である．さらに，

$$\zeta_A(s) = \prod_{m \in \mathrm{Specm}(A)} \zeta_{A/m}(s)$$

$$= \prod_{P \in \mathrm{Simple}(\mathrm{Mod}(A))} \zeta_P(s)$$

と見るのが，より透明な解釈である：

N.Kurokawa"Zeta functions of categories"［圏のゼータ関数］

Proc. Japan Acad. **72A** (1996) 221–222.

ただし，$\mathrm{Mod}(A)$ は A 加群の圏（有限生成 A 加群の圏としても良い）であり，$\mathrm{Simple}(\mathrm{Mod}(A))$ は単純 A 加群（の同型類）全体である．具体的には

$$P = A/\boldsymbol{m} \quad (\boldsymbol{m} \in \mathrm{Specm}(A))$$

となる．

　ゼータ進化論として重要なことは，独立のゼータ関数族 $\{\zeta_P(s) \mid P は単純 A 加群\}$ が合体（連合体）して $\zeta_A(s)$ を構成していることである．つまり，" P – 因子 " は独自で生きていけるのである．また，ハッセゼータ関数は

$$\zeta_A(s) = \zeta_{\mathrm{Mod}(A)}(s)$$

と A 加群の圏 $\mathrm{Mod}(A)$ のゼータ関数と見ることができることに留意されたい．

　ハッセ予想とは，$\zeta_A(s)$ は $s \in \mathbb{C}$ の有理型関数であるという予想である．同時に，当然のことながら，関数等式とリーマン予想も期待される．

　A 上の一般のオイラー積とは，各 $\boldsymbol{m} \in \mathrm{Specm}(A)$ に対して

$$H_{\boldsymbol{m}}(t) \in 1 + t \cdot \mathbb{C}[t]$$

が定まったときの

$$\zeta_A(s, H) = \prod_{\boldsymbol{m} \in \mathrm{Specm}(A)} H_{\boldsymbol{m}}(N(\boldsymbol{m})^{-s})^{-1}$$

$$= \prod_{\boldsymbol{m} \in \mathrm{Specm}(A)} \zeta_{\boldsymbol{m}}(s, H)$$

である．ここで，$H = (H_{\boldsymbol{m}})_{\boldsymbol{m} \in \mathrm{Specm}(A)}$ であり，

$$\zeta_{\boldsymbol{m}}(s, H) = H_{\boldsymbol{m}}(N(\boldsymbol{m})^{-s})^{-1}$$

である．このとき，$\zeta_A(s, H)$ を大域ゼータ関数と言い，$\zeta_{\boldsymbol{m}}(s, H)$ を局所ゼータ関数と呼ぶ．

11.4　オイラー積原理

オイラー積原理とは，たとえば，A 上のオイラー積 $\zeta_A(s,H)$ に対して

『$\zeta_A(s,H)$ がリーマン予想をみたす

$\Longleftrightarrow$ すべての m に対して $\zeta_m(s,H)$ がリーマン予想をみたす』

が成立することを言う．これは

黒川信重「ラマヌジャン予想」『数理科学』2020 年 8 月号 42–47

の終わりに『リーマン予想（大域）とラマヌジャン予想（局所）の関係では「局所大域原理（ハッセ原理）」が解明すべき重大な問題である．』と指摘したものである．

たとえば，$H_m(t)=1-t$ のときは

$$\zeta_A(s,H)=\zeta_A(s)=\prod_m \zeta_{A/m}(s)$$

であり

『$\zeta_A(s)$ がリーマン予想をみたす

$\Longleftrightarrow$ すべての m に対して $\zeta_{A/m}(s)$ がリーマン予想をみたす』

が成立するかどうかを問題としているのである．このときは，後半（$\zeta_{A/m}(s)$ がリーマン予想をみたすこと）は成立することが自明であり，オイラー積原理からリーマン予想が $\zeta_A(s)$ に対して成立すること——したがって，本来の $\zeta_Z(s)$ に対するリーマン予想も——が従うことになる．

一般のオイラー積原理としては，「リーマン予想」を「有理型性」や「関数等式」などに変えて考える．より広範には

『$\zeta_A(s,H)$ が性質 P をみたす

$\Longleftrightarrow$ すべての m に対して $\zeta_m(s,H)$ が性質 Q をみたす』

を考えることが重要である.

11.5 ラマヌジャンの研究

オイラー積の有名な例としては $A=\mathbb{Z}$ のときに，各素数 p (Specm(A)＝Specm$(\mathbb{Z})$ の元と同一視する）に対して

$$H_p(t)=1-\tau(p)t+p^{11}t^2$$

という，ラマヌジャンが1916年に研究したものがある．ここで，$\tau(n)$ は

$$\Delta=q\prod_{n=1}^{\infty}(1-q^n)^{24}=\sum_{n=1}^{\infty}\tau(n)q^n$$

と定められたラマヌジャンの τ 関数である．このときは

$$\begin{aligned}\zeta_{\mathbb{Z}}(s,H)&=\prod_{p:素数}\zeta_p(s,H)\\&=\prod_{p:素数}(1-\tau(p)p^{-s}+p^{11-2s})^{-1}\\&=L(s,\Delta)\end{aligned}$$

というオイラー積であり，保型形式 Δ のゼータ関数（L 関数）と呼ばれることが普通である.

すべての p に対して $\zeta_p(s,H)$ は有理型であり，関数等式 $s\leftrightarrow 11-s$ をみたし，リーマン予想

$$\lceil\zeta_p(s,H)=\infty \quad なら \quad \mathrm{Re}(s)=\frac{11}{2}\rfloor$$

をみたす．この「リーマン予想」は「ラマヌジャン予想」と呼ばれていて1974年にドリーニュが証明した.

一方，$\zeta_{\mathbb{Z}}(s,H)=L(s,\Delta)$ に対しては，有理型性（正則性も）と関数等式 $s\leftrightarrow 12-s$ は証明されているが，リーマン予想

$$\lceil\zeta_{\mathbb{Z}}(s,H)の本質的零点は \mathrm{Re}(s)=6 上に乗る\rfloor$$

は本来のリーマン予想と同様に難攻不落である.

11.6 セルバーグ型ゼータ関数

(IV) に分類されたセルバーグ型ゼータ関数とは，リーマン多様体 M に対して

$$\zeta_M(s) = \prod_{P \in \mathrm{Prim}(M)} \zeta_P(s)$$

と定める．ここで，$\mathrm{Prim}(M)$ は M の素な閉測地線全体であり，各 $P \in \mathrm{Prim}(M)$ のノルムは長さ $\mathrm{length}(P)$ によって

$$N(P) = \exp(\mathrm{length}(P))$$

と決まり，

$$\zeta_P(s) = (1 - N(P)^{-s})^{-1}$$

である．

このセルバーグ型ゼータ関数 $\zeta_M(s)$ においても，独立なゼータ関数族 $\{\zeta_P(s) \mid P \in \mathrm{Prim}(M)\}$ が合体してオイラー積を構成していて，各 P は本質的に長さ $\mathrm{length}(P) = \log N(P)$ の "円" と見ることができる．$\zeta_M(s)$ が $s \in \mathbb{C}$ の有理型関数であって，関数等式やリーマン予想の類似物（虚の零点・極に限定）をみたす場合としては，M が階数 1 のコンパクト局所対称空間が良く知られている．その代表的な例は種数 $g \geqq 2$ のコンパクトリーマン面であり 1950 年代前半にセルバーグが証明し，その詳細は 1954 年夏にゲッティンゲン大学において講義した．講義録は『セルバーグ全集』に収録されている．

さらに，ハッセ型ゼータ関数の場合と同様に，より一般のオイラー積

$$\zeta_M(s, H) = \prod_{P \in \mathrm{Prim}(M)} \zeta_P(s, H),$$

$$\zeta_P(s, H) = H_P(N(P)^{-s})^{-1}$$

を考えることができる．
ただし，$H = (H_P)_{P \in \mathrm{Prim}(M)}$ であり，

$$H_P(t) \in 1 + t \cdot \mathbb{C}[t]$$

である．たとえば，

$$H_P(t) = 1 - t$$

のときが

$$\zeta_M(s, H) = \zeta_M(s)$$

であり，

$$H_P(t) = 1 + t$$

のときは

$$\zeta_M(s, H) = \frac{\zeta_M(2s)}{\zeta_M(s)}$$

となる．

11.7　有限体あるいは円

ハッセゼータ関数 $\zeta_A(s)$ においては

$$\zeta_{\mathbb{F}_1}(s) = \frac{1}{s} \rightsquigarrow \zeta_P(s) = (1 - N(P)^{-s})^{-1}$$

$$\xrightarrow{\text{オイラー積}} \zeta_A(s) = \prod_P \zeta_P(s)$$

となる．ここで，$P = A/\boldsymbol{m}$ は有限体であり単純 A 加群である．

セルバーグ型ゼータ関数 $\zeta_M(s)$ においては

$$\zeta_{\mathbb{F}_1}(s) = \frac{1}{s} \rightsquigarrow \zeta_P(s) = (1 - N(P)^{-s})^{-1}$$

$$\xrightarrow{\text{オイラー積}} \zeta_M(s) = \prod_P \zeta_P(s)$$

となる．ここで，P は"円"であり閉測地線である．

いずれの場合にも $\zeta_P(s)$ がオイラー積として合体して進化して行く．なお，$\zeta_{\mathbb{F}_1}(s) \rightsquigarrow \zeta_P(s)$ は実質的に

$$\zeta_P(s) = \prod_{m=-\infty}^{\infty} \zeta_{\mathbb{F}_1}\left(s - \frac{2\pi\sqrt{-1}}{\log N(P)}m\right)$$

という無限個のずらし積の合体での進化である．

11.8　深リーマン予想

オイラー積の秘密と言えば，深リーマン予想ははずせない．深リーマン予想（Deep Riemann Hypothesis：DRH）はオイラー積の中心（関数等式の中心）における収束予想であり，リーマン予想を軽く導き，数値計算により納得することが容易なものである．

深リーマン予想は次の本が初出文献である：

　　黒川信重『リーマン予想の探求』技術評論社，2012 年（とくに，第 6 章「深リーマン予想」）．

また，

　　黒川信重「素数の問題：一歩先へ」『数学セミナー』2012 年 5 月号（創刊 50 周年記念号・特集・未来への宿題），30–33

も参照のこと．

さらに詳細な議論は深リーマン予想に特化した本

　　黒川信重『リーマン予想の先へ：深リーマン予想 DRH』東京図書，2013 年

で与えた．同書には，合同ゼータ関数版の深リーマン予想が完全に証明されている．

残念ながら，深リーマン予想に関しては日本語以外の本は出版されていない．最近の本としては

　　黒川信重『リーマン予想の今，そして解決への展望』技術評論社，2019 年，

　　小山信也『数学の力：高校数学から読みとくリーマン予想』日経サイエンス社，2020 年 7 月

をすすめたい．

深リーマン予想の論文としては

T.Kimura, S.Koyama and N.Kurokawa "Euler products beyond the boundary" [限界超えのオイラー積] Letters in Mathematical Physics **104** (2014) 1-19 [arXiv: 1210.1216],

H.Akatsuka "The Euler product for the Riemann zeta-function in the critical strip" [臨界帯におけるリーマンゼータ関数のオイラー積] Kodai Math. J. **40** (2017) 79-101

を読まれたい．赤塚広隆さんの論文においては「Deep Riemann Hypothesis」の用語は使われていないものの，DRH の最先端の研究成果であり，画期的なものである．その状況の説明は

黒川信重「書評：リーマン予想の同値条件」『数学』2020 年 4 月春季号，204-208 [出版受理：2018 年 8 月 23 日]

を読んで欲しい．
　さて，$\zeta_Z(s)$ の深リーマン予想（赤塚予想）とは次の形である．

深リーマン予想（赤塚予想）

$$\lim_{x \to \infty} \frac{\prod_{p \le x} \left(1 - p^{-\frac{1}{2}}\right)^{-1}}{\exp(\mathrm{Li}(x^{\frac{1}{2}}))} = -2^{\frac{1}{2}} \zeta_Z\left(\frac{1}{2}\right).$$

ここで，

$$\mathrm{Li}(x) = \int_0^x \frac{du}{\log u}$$

は対数積分である．$\zeta_Z(s)$ の深リーマン予想（赤塚予想）がチェビシェフの考えはじめた素数の分布関数

$$\psi(x) = \sum_{p^m \le x} \log p$$

に対する予想

$$\lim_{x \to \infty} \frac{\psi(x) - x}{x^{\frac{1}{2}} \log x} = 0$$

と同値であることが赤塚論文において証明されている．一方，リーマン予想は

$$\limsup_{x \to \infty} \frac{|\psi(x) - x|}{x^{\frac{1}{2}} (\log x)^2} < \infty$$

と同値なのであり，深リーマン予想はリーマン予想より2段階進んだものであることがわかる．素数定理は素数山の登山口にあり，

$$\lim_{x \to \infty} \frac{\psi(x) - x}{x} = 0$$

となる（1896年証明）．素数山を絵に描くと下のようになる．素数山登頂の目標である「素数完全公式」とは「零点完全公式」と同等である．

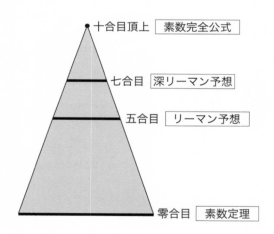

十合目頂上　素数完全公式

七合目　深リーマン予想

五合目　リーマン予想

零合目　素数定理

11.9　オイラー積原理の研究

オイラー積原理を明示的に定式化して証明した論文は

N.Kurokawa "On the meromorphy of Euler products" ［オイ

ラー積の有理型性について」Proc.Japan Acad. **54A** (1978)
163–166

である．詳細版は

N.Kurokawa"On the meromorphy of Euler products（Ⅰ）
（Ⅱ）"［オイラー積の有理型性について（Ⅰ）（Ⅱ）］Proc.
London Math.Soc. **53**（1986）1–47, 209–236

にある．
　簡単に記述できる場合に主定理を書いておこう．参考書とし
ては

黒川信重『零和への道　ζの十二箇月』現代数学社，2020年
8月25日刊

の第8章「11月・ゼータ育成」および，表現論的な枠組みに関
しては

黒川信重『ガロア理論と表現論　ゼータ関数への出発』日本
評論社，2014年

を見てほしい．
　いま，有限次ガロア拡大 $K/\mathbb{Q}$ をとり，そのガロア群を
$G = \mathrm{Gal}(K/\mathbb{Q})$ とする．G の既約（ユニタリ）表現の同値類全体
を $\hat{G}$ と書き G の双対と呼ぶ．G の共役類全体を $\mathrm{Conj}(G)$ とする
と等式

$$|\hat{G}| = |\mathrm{Conj}(G)|$$

が成立する．
　このとき，表現環 $R(G)$ は

$$R(G) = \left\{ \sum_{\rho \in \hat{G}} c(\rho)\mathrm{trace}(\rho) \middle| c(\rho) \in \mathbb{Z} \right\}$$
$$= \bigoplus_{\rho \in \hat{G}} \mathbb{Z} \cdot \mathrm{trace}(\rho)$$

と構成される．これは可換環である．さらに，

$$H(t) \in 1 + t \cdot R(G)[t]$$

に対してオイラー積

$$\zeta_{\mathbb{Z}}(s, H) = \prod_p \zeta_p(s, H),$$

$$\zeta_p(s, H) = H_p(p^{-s})^{-1}$$

を考える．ここで，p は $K/\mathbb{Q}$ において不分岐（つまり，$p \nmid D(K/\mathbb{Q})$）な素数全体を動き，

$$H_p(t) \in 1 + t \cdot \mathbb{C}[t]$$

は $H(t)$ の係数にフロベニウス元 $\mathrm{Frob}(p)$ を代入したものを意味する．

　すると，次の定理が成立する．

主定理（黒川）

　次は同値である．

(1) $\zeta_{\mathbb{Z}}(s, H)$ は有理型関数である．

(2) すべての p に対して $\zeta_p(s, H)$ はリーマン予想をみたす．

　　すなわち，$\zeta_p(s, H)$ の極はすべて虚軸上に乗る．

　これは，オイラー積原理

『$\zeta_{\mathbb{Z}}(s, H)$ が性質 P をみたす

　　$\Longleftrightarrow$ すべての p に対して $\zeta_p(s, H)$ が性質 Q をみたす』

の一つであり，

　　$P =$「有理型性」

　　$Q =$「リーマン予想」

としたものである．一般には，P と Q をいろいろに変形することにより，さまざまなオイラー積原理を得ることができる．ま

た，上記の論文にある通り，保型表現版にすることもできる．

オイラー積原理の詳細については『現代数学』の連載「オイラー積原理」(2021 年 4 月号〜2022 年 3 月号) を読まれたい．

オイラー積の発展すべてが 1737 年のオイラーによるオイラー積の発見からの流れにあることを思うと感慨深いものがある．

オイラー積の秘密に触れてもらうための宿題を一つ出しておこう．

宿題

素数全体の部分集合 X に対して，ゼータ関数

$$\zeta_X(s) = \prod_{p \in X} (1 - p^{-s})^{-1}$$

が $s \in \mathbb{C}$ 全体へ解析接続可能かどうか考察せよ．

第12章
空と色
くう　　しき

　これまで，一元体のゼータからの進化の様子を見てきたので
あるが，この最終章では，もう一度はじめに立ち還り，一元体
のゼータの意義を見たい．とくに，ゼータの"逆元"を考察し
てみよう．その際に問題となるのは，どういう積に関する逆元
を考えるのかであり，自然に単位元として空と色が現れる．逆
元への進化はゼータの世界を格段に拡げている．素数山の問題
についてもまとめておこう．

12.1　空と色

　空とは一元体
くう

$$\mathbb{F}_1 = \lim_{q \to 1} \mathbb{F}_q = \text{``}\{1\}\text{''}$$

であり，そのゼータは

$$\zeta_{\mathbb{F}_1}(s) = \frac{1}{s}$$

である．対応する絶対保型形式は

$$f(x) = 1$$

という定数関数である．様々なゼータが $\zeta_{\mathbb{F}_1}(s)$ から進化してき
たことは，これまで見てきた通りである．

　色とは
しき

$$O = \{0\}$$

という零環であり，そのゼータは

$$\zeta_O(s) = 1$$

である．対応する絶対保型形式は

$$f(x) = 0$$

という定数関数である．また，零環 O のハッセゼータと考えても良い：$\mathrm{Specm}(O) = \emptyset$ より $\zeta_O(s) = 1$.

さらに，具体的には有限環 $\mathbb{Z}/N\mathbb{Z}$ のハッセゼータ

$$\zeta_{\mathbb{Z}/N\mathbb{Z}}(s) = \prod_{p \mid N}(1 - p^{-s})^{-1}$$

および井草ゼータ

$$Z_N(s) = \sum_{n \mid N} n^{-s}$$

の $N = 1$ の場合と見ることもできて，どちらも $\zeta_O(s) = 1$ を与える．

12.2　二つの積

ゼータ関数は二つの積によって進化する．これら二つの積とは，ゼータ関数 $Z_1(s)$, $Z_2(s)$ に対して

$$Z_1(s), Z_2(s) \begin{array}{l} \xrightarrow{\text{通常積}} Z_1(s)Z_2(s) \quad : \text{単位元 } \zeta_O(s) = 1 \\ \xrightarrow{\text{絶対積}} Z_1(s) \otimes Z_2(s) : \text{単位元 } \zeta_{\mathbb{F}_1}(s) = \dfrac{1}{s} \end{array}$$

のことである．このうち，通常積については言うまでもないであろう．絶対積とは絶対テンソル積あるいは黒川テンソル積のことである．通常積は連合体，絶対積は融合体を形成する．

一般の場合や具体的な計算例については後で触れることにして，有理関数

$$Z_1(s) = \prod_\alpha \zeta_{\mathbb{F}_1}(s-\alpha)^{m_1(\alpha)} = \prod_\alpha (s-\alpha)^{-m_1(\alpha)},$$

$$Z_2(s) = \prod_\beta \zeta_{\mathbb{F}_1}(s-\beta)^{m_2(\beta)} = \prod_\beta (s-\beta)^{-m_2(\beta)}$$

のときに書くと $(m_j : \mathbb{C} \rightarrow \mathbb{Z})$

$$Z_1(s) \otimes Z_2(s) = \prod_{\alpha, \beta} \zeta_{\mathbb{F}_1}(s-(\alpha+\beta))^{m_1(\alpha)\,m_2(\beta)}$$

$$= \prod_{\alpha, \beta} (s-(\alpha+\beta))^{-m_1(\alpha)\,m_2(\beta)}$$

である．簡単な性質

$$Z_1(s) \otimes Z_2(s) = Z_2(s) \otimes Z_1(s),$$

$$\zeta_{\mathbb{F}_1}(s) \otimes \zeta_{\mathbb{F}_1}(s) = \zeta_{\mathbb{F}_1}(s),$$

$$\zeta_{\mathbb{F}_1}(s-\alpha) \otimes \zeta_{\mathbb{F}_1}(s+\alpha) = \zeta_{\mathbb{F}_1}(s),$$

$$Z_1(s) \otimes \zeta_{\mathbb{F}_1}(s) = Z_1(s),$$

$$\zeta_{\mathbb{F}_1}(s) \otimes Z_2(s) = Z_2(s)$$

を確かめてほしい．

12.3 逆元

進化では逆元への変身も重要である．二つの積に関する逆元を

$$Z(s) \quad \begin{array}{c} \xrightarrow{\text{通常積}} Z(s)^{-1} \\ \xrightarrow{\text{絶対積}} Z(s)^{\otimes(-1)} \end{array}$$

と書くことにしよう．簡単な例を見ておくと，

$$\begin{cases} \zeta_{\mathbb{F}_1}(s)^{-1} = s : \text{対応する絶対保型形式は } f(x) = -1, \\ \zeta_{\mathbb{F}_1}(s)^{\otimes(-1)} = \zeta_{\mathbb{F}_1}(s) = \dfrac{1}{s} \end{cases}$$

である．

12.4　反転公式

　ゼータ関数 $Z(s)$ の通常積に関する逆元 $Z(s)^{-1}$ はディリクレ級数——とくにオイラー積をもつ場合——にとても興味深いものとなる．いま，関数

$$a : \{1, 2, 3, \cdots\} \longrightarrow \mathbb{C}$$

つまり数列 $a(n)$ $(n = 1, 2, 3, \cdots)$ に対してディリクレ級数を

$$D_a(s) = \sum_{n=1}^{\infty} a(n) n^{-s}$$

とする（収束性は適宜考えられたい）．乗法的な場合（$a(1) = 1$，$(m, n) = 1$ なら $a(mn) = a(m)a(n)$）には

$$D_a(s) = \prod_{p:\text{素数}} D_a^p(s), \quad D_a^p(s) = \sum_{k=0}^{\infty} a(p^k) p^{-ks}$$

というオイラー積表示をもつ．より強く完全乗法的な場合（$a(1) = 1$，$a(mn) = a(m)a(n)$）には

$$D_a^p(s) = \sum_{k=0}^{\infty} a(p)^k p^{-ks} = (1 - a(p)p^{-s})^{-1}$$

となるので，オイラー積は

$$D_a(s) = \prod_{p:\text{素数}} (1 - a(p)p^{-s})^{-1}$$

という単純な形になる．

練習問題 1　完全乗法的な関数 $a(n)$ に対して

$$D_a(s)^{-1} = D_{\mu a}(s)$$

となることを示せ．ただし，$\mu(n)$ はメビウス関数である．

[解 答]

$$D_a(s) = \prod_{p:\text{素数}} (1 - a(p)p^{-s})^{-1}$$

であるから

$$D_a(s)^{-1} = \prod_{p:\text{素数}} (1-a(p)p^{-s})$$

$$= \prod_{p:\text{素数}} \left(\sum_{k=0}^{\infty} \mu(p^k)a(p^k)p^{-ks} \right)$$

$$= \sum_{n=1}^{\infty} \mu(n)a(n)n^{-s}$$

$$= D_{\mu a}(s)$$

が成立する. ただし, メビウス関数 $\mu(n)$ は乗法的関数であって

$$\mu(p^k) = \begin{cases} 1 & \cdots & k = 0, \\ -1 & \cdots & k = 1, \\ 0 & \cdots & k > 1 \end{cases}$$

であることを使っている. ［解答終］

基本的な定数関数 $a(n) = 1$ の場合は

$$\zeta_{\mathbb{Z}}(s) = \sum_{n=1}^{\infty} n^{-s} = \prod_{p} (1-p^{-s})^{-1},$$

$$\zeta_{\mathbb{Z}}(s)^{-1} = \sum_{n=1}^{\infty} \mu(n)n^{-s} = \prod_{p} (1-p^{-s})$$

を得る. 一般の乗法的関数 $a(n)$ に対して $D_a(s)^{-1}$ を表示することもやってみてほしい.

反転公式とは 2 つの関数 $a(n), b(n)$ に対して

$$a(n) = \sum_{m|n} b(m) \Longleftrightarrow b(n) = \sum_{m|n} \mu\left(\frac{n}{m}\right)a(m)$$

という「反転」が成立するというものである. これは直接示すこともももちろんできるが, ディリクレ級数を通して考えるとわかりやすい.

練習問題2　関数 $a(n), b(n)$ に対して次は同値であること
を示せ.

(1)　$D_a(s) = \zeta_{\mathbb{Z}}(s)D_b(s).$

(2)　$a(n) = \displaystyle\sum_{m|n} b(m).$

(3)　$D_b(s) = \zeta_{\mathbb{Z}}(s)^{-1}D_a(s).$

(4)　$b(n) = \displaystyle\sum_{m|n} \mu\left(\frac{n}{m}\right)a(m).$

【解答】

(1) $\Longleftrightarrow$ (3) は $\zeta_{\mathbb{Z}}(s)$ を移動すれば良い.

(1) $\Longleftrightarrow$ (2) は

$$\zeta_{\mathbb{Z}}(s)D_b(s) = \sum_{n=1}^{\infty}\left(\sum_{m|n} b(m)\right)n^{-s}$$

を使えば良い.

(3) $\Longleftrightarrow$ (4) は次を見れば良い:

$$\zeta_{\mathbb{Z}}(s)^{-1}D_a(s) = \sum_{n=1}^{\infty}\left(\sum_{m|n} \mu\left(\frac{n}{m}\right)a(m)\right)n^{-s}.$$

以上より (1)(2)(3)(4) は同値である. ［**解答終**］

　反転公式の応用例は数多いが, 一つだけ書いておこう. オイ
ラー関数 $\varphi(n)$（$1 \sim n$ のうちで n と互いに素なものの個数）に対
して

$$\sum_{m|n} \varphi(m) = n$$

が成立する（$\dfrac{1}{n}, \dfrac{2}{n}, \cdots, \dfrac{n}{n}$ を既約分数表示すればわかる）ので,
反転公式を用いると

$$\varphi(n) = \sum_{m \mid n} \mu\left(\frac{n}{m}\right)m$$

$$= \sum_{m \mid n} \mu(m)\frac{n}{m}$$

$$= n\sum_{m \mid n} \frac{\mu(m)}{m}$$

$$= n\prod_{p \mid n}\left(1 - \frac{1}{p}\right)$$

を得る．なお，

$$D_\varphi(s) = \frac{\zeta_{\mathbb{Z}}(s-1)}{\zeta_{\mathbb{Z}}(s)}$$

であって，等式

$$\zeta_{\mathbb{Z}}(s)D_\varphi(s) = \zeta_{\mathbb{Z}}(s-1)$$

は等式

$$\sum_{m \mid n} \varphi(m) = n$$

と同値である．

高校生向けのゼータ関数入門は

黒川信重「反転公式とゼータ関数」『大学への数学』2019 年 10 月号，

黒川信重「自然数すべての和と積」『大学への数学』2021 年 3 月号

を読まれたい．

12.5 絶対ゼータ関数の絶対積と逆元

絶対ゼータ関数 $\zeta_f(s)$ の絶対積に関する逆元は $\zeta_{\underline{f}}(s)$ である．より一般に絶対保型形式 f, g に対して

$$\zeta_f(s) \otimes \zeta_g(s) = \zeta_{f \otimes g}(s)$$

である．ただし，

$$(f \otimes g)(x) = f(x)g(x)$$

である．単に fg と書いても混同しないであろう．

たとえば，

$$f(x) = \sum_\alpha m_1(\alpha)x^\alpha,$$

$$g(x) = \sum_\beta m_2(\beta)x^\beta$$

のときは

$$(f \otimes g)(x) = \sum_{\alpha,\beta} m_1(\alpha)m_2(\beta)x^{\alpha+\beta},$$

$$\zeta_f(s) = \prod_\alpha \zeta_{\mathrm{F}_1}(s-\alpha)^{m_1(\alpha)},$$

$$\zeta_g(s) = \prod_\beta \zeta_{\mathrm{F}_1}(s-\beta)^{m_2(\beta)},$$

$$\zeta_{f \otimes g}(s) = \prod_{\alpha,\beta} \zeta_{\mathrm{F}_1}(s-(\alpha+\beta))^{m_1(\alpha)m_2(\beta)}$$

である．

以下ではスキーム X の絶対ゼータ関数 $\zeta_X(s)$ の絶対積に関する逆元を $\zeta_{X^{-1}}(s)$ と書くことにする．

練習問題 3

(1) $Z(s) = \zeta_{(\mathrm{G}m)^{-1}}(s) = \zeta_{GL(1)^{-1}}(s)$

を求め，

$$Z(s) \otimes \zeta_{\mathrm{G}m}(s) = \frac{Z(s-1)}{Z(s)} = \zeta_{\mathrm{F}_1}(s)$$

を示せ．

(2) $Z(s) = \zeta_{GL(2)^{-1}}(s)$

を求め，

$$Z(s) \otimes \zeta_{GL(2)}(s) = \frac{Z(s-4)Z(s-1)}{Z(s-3)Z(s-2)}$$
$$= \zeta_{\mathbb{F}_1}(s)$$

を示せ.

(3)　$Z(s) = \zeta_{(\mathbb{P}^1)^{-1}}(s)$

を求め,

$$Z(s) \otimes \zeta_{\mathbb{P}^1}(s) = Z(s-1)Z(s) = \zeta_{\mathbb{F}_1}(s)$$

を示せ.

解答

(1)　$GL(1) = \mathbb{G}_m$ に対応する絶対保型形式は

$$f(x) = x - 1$$

であり,

$$\zeta_{GL(1)}(s) = \zeta_f(s) = \frac{\zeta_{\mathbb{F}_1}(s-1)}{\zeta_{\mathbb{F}_1}(s)} = \frac{s}{s-1}$$

となる. したがって,

$$Z(s) = \zeta_{GL(1)^{-1}}(s) = \zeta_{\frac{1}{f}}(s)$$

である. ここで,

$$\frac{1}{f(x)} = \frac{1}{x-1} = \frac{x^{-1}}{1-x^{-1}}$$

より

$$Z(s) = \zeta_{\frac{1}{f}}(s) = \Gamma_1(s+1,(1)) = \frac{\Gamma(s+1)}{\sqrt{2\pi}}$$

となる. よって,

$$Z(s) \otimes \zeta_{GL(1)}(s) = \frac{Z(s-1)}{Z(s)} = \frac{\Gamma(s)}{\Gamma(s+1)}$$
$$= \frac{1}{s} = \zeta_{\mathbb{F}_1}(s).$$

(2) $GL(2)$ に対応する絶対保型形式は

$$f(x) = (x^2-1)(x^2-x) = x^4 - x^3 - x^2 + x$$

であり

$$\zeta_{GL(2)}(s) = \zeta_f(s) = \frac{\zeta_{\mathbb{F}_1}(s-4)\,\zeta_{\mathbb{F}_1}(s-1)}{\zeta_{\mathbb{F}_1}(s-3)\,\zeta_{\mathbb{F}_1}(s-2)}$$

$$= \frac{(s-3)(s-2)}{(s-4)(s-1)}$$

となる．したがって，

$$Z(s) = \zeta_{GL(2)^{-1}}(s) = \zeta_{\frac{1}{f}}(s)$$

である．ここで，

$$\frac{1}{f(x)} = \frac{1}{(x^2-1)(x^2-x)} = \frac{x^{-4}}{(1-x^{-1})(1-x^{-2})}$$

より

$$Z(s) = \zeta_{\frac{1}{f}}(s) = \Gamma_2(s+4, (1,2))$$

となる．よって

$$Z(s) \otimes \zeta_{GL(2)}(s) = \frac{Z(s-4)Z(s-1)}{Z(s-3)Z(s-2)}$$

$$= \frac{\Gamma_2(s, (1,2))\,\Gamma_2(s+3, (1,2))}{\Gamma_2(s+1, (1,2))\,\Gamma_2(s+2, (1,2))}.$$

ここで，漸化式

$$\Gamma_2(s+3, (1,2)) = \Gamma_2(s+1, (1,2))\,\Gamma_1(s+1, (1))^{-1},$$

$$\Gamma_2(s+2, (1,2)) = \Gamma_2(s, (1,2))\,\Gamma_1(s, (1))^{-1}$$

を用いると

$$Z(s) \otimes \zeta_{GL(2)}(s) = \frac{\Gamma_1(s, (1))}{\Gamma_1(s+1, (1))} = \frac{\Gamma(s)}{\Gamma(s+1)}$$

$$= \frac{1}{s} = \zeta_{\mathbb{F}_1}(s).$$

(3) $\mathbb{P}^1$ に対する絶対保型形式は

$$f(x) = x + 1$$

であり

$$\zeta_{\mathbb{P}^1}(s) = \zeta_f(s) = \zeta_{\mathbb{F}_1}(s-1)\,\zeta_{\mathbb{F}_1}(s) = \frac{1}{(s-1)s}$$

となる．したがって，

$$Z(s) = \zeta_{(\mathbb{P}^1)^{-1}}(s) = \zeta_{\frac{1}{f}}(s)$$

である．ここで

$$\frac{1}{f(x)} = \frac{1}{x+1} = \frac{x^{-1}}{1+x^{-1}} = \frac{x^{-1}-x^{-2}}{1-x^{-2}}$$

より

$$Z(s) = \zeta_{\frac{1}{f}}(s) = \frac{\Gamma_1(s+1, (2))}{\Gamma_1(s+2, (2))}$$

となる．よって，

$$\begin{aligned}
Z(s) \otimes \zeta_{\mathbb{P}^1}(s) &= Z(s-1)Z(s) \\
&= \frac{\Gamma_1(s, (2))\,\Gamma_1(s+1, (2))}{\Gamma_1(s+1, (2))\,\Gamma_1(s+2, (2))} \\
&= \frac{\Gamma_1(s, (2))}{\Gamma_1(s+2, (2))} \\
&= \Gamma_0(s) \\
&= \zeta_{\mathbb{F}_1}(s).
\end{aligned}$$

[解答終]

もう一つやってみよう．

練習問題 4

(1) $Z(s) = \zeta_{(\mathbb{A}^n)^{-1}}(s)$

を求め，

$$Z(s) \otimes \zeta_{\mathbb{A}^n}(s) = Z(s-n) = \zeta_{\mathbb{F}_1}(s)$$

を示せ．

(2) $Z(s) = \zeta_{(\mathbb{P}^n)^{-1}}(s)$

を求め，

$$Z(s) \otimes \zeta_{\mathbb{P}^n}(s) = Z(s)Z(s-1)\cdots Z(s-n)$$
$$= \zeta_{\mathbb{F}_1}(s)$$

を示せ．

解 答

(1) $\mathbb{A}^n$ に対応する絶対保型形式は

$$f(x) = x^n$$

であるから

$$\zeta_{\mathbb{A}^n}(s) = \zeta_f(s) = \frac{1}{s-n} = \zeta_{\mathbb{F}_1}(s-n)$$

となる．よって

$$Z(s) = \zeta_{(\mathbb{A}^n)^{-1}}(s) = \zeta_{\frac{1}{f}}(s)$$

である．ここで

$$\frac{1}{f(x)} = x^{-n}$$

より

$$Z(s) = \zeta_{\frac{1}{f}}(s) = \frac{1}{s+n} = \zeta_{\mathbb{F}_1}(s+n)$$

となる．よって

$$Z(s) \otimes \zeta_{\mathbb{A}^n}(s) = \zeta_{\mathbb{F}_1}(s+n) \otimes \zeta_{\mathbb{F}_1}(s-n)$$
$$= \zeta_{\mathbb{F}_1}(s).$$

(2) $\mathbb{P}^n$ に対応する絶対保型形式は

$$f(x) = x^n + x^{n-1} + \cdots + 1$$

であるから

$$\zeta_{\mathbb{P}^n}(s) = \zeta_f(s) = \zeta_{F_1}(s-n) \cdots \zeta_{F_1}(s)$$

$$= \frac{1}{(s-n) \cdots s}$$

となる．ここで

$$\frac{1}{f(x)} = \frac{1}{x^n + x^{n-1} + \cdots + 1}$$

$$= \frac{x^{-n}}{1 + x^{-1} + \cdots + x^{-n}}$$

$$= \frac{x^{-n} - x^{-(n+1)}}{1 - x^{-(n+1)}}$$

となるので

$$Z(s) = \zeta_{\frac{1}{f}}(s) = \frac{\Gamma_1(s+n, (n+1))}{\Gamma_1(s+n+1, (n+1))}$$

である．したがって

$$Z(s) \otimes \zeta_{\mathbb{P}^n}(s) = \prod_{k=0}^{n} Z(s-k)$$

$$= \frac{\Gamma_1(s, (n+1))}{\Gamma_1(s+n+1, (n+1))}$$

$$= \Gamma_0(s)$$

$$= \zeta_{F_1}(s).$$

［解答終］

　同様の計算によって

$$\zeta_{GL(n)^{-1}}(s) = \Gamma_n(s+n^2, (1, 2, \cdots, n)),$$

$$\zeta_{SL(n)^{-1}}(s) = \Gamma_{n-1}(s+n^2-1, (2, 3, \cdots, n)),$$

$$\zeta_{Sp(n)^{-1}}(s) = \Gamma_n(s+2n^2+n, (2, 4, \cdots, 2n)),$$

$$\zeta_{(G_m^n)^{-1}}(s) = \zeta_{(GL(1)^n)^{-1}}(s) = \Gamma_n(s+n, (1, \cdots, 1))$$

となる．

12.6　ゼータ変身

　変身したいという願望は誰でも持っている．ゼータもそうである．地球生物でも変身は普通にある．たとえば，昆虫では

$$① 卵 \to ② 幼体 \to ③ 蛹・繭 \to ④ 成体$$
$$（幼生）$$

のような変身 (変態) がよく起こっている．オウィディウス『変身 (メタモルフォーセース)』(8 年) やカフカ『変身』(1915 年出版本) などなど文学作品も無数にある．オウィディウス『変身』ではピタゴラスも変身する．

　進化の観点からすると，個体発生と系統発生の類似を指摘したヘッケルの説のように進化の流れが見えてくることもある．

　さて，$\zeta_Z(s)$ の場合に考えてみると

$$① オイラー積 \to ② ディリクレ級数$$
$$\to ③ 零点・極 \to ④ 自然行列式表示$$

となる．具体的には

① $\displaystyle\prod_{p:素数}(1-p^{-s})^{-1}$,

② $\displaystyle\sum_{n=1}^{\infty} n^{-s} = \exp\Big(\sum_q \frac{q^{-s}}{m(q)}\Big)$, 　[$q$ は素数の $m(q)$ 乗]

③ $\displaystyle\prod_{\rho}\Big(1-\frac{s}{\rho}\Big)^{m(\rho)}$, 　[$m(\rho)$ は整数]

④ $\det(D-s)$

である．この①→②→③→④は四面体に配置するとわかりやすい．最初に見えているのは①，次に②が見えてくる．③や④は事前に推測するのは難しい．理想的な解析接続を求めての志向である．

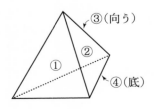

12.7　宿題について

前章の宿題を思い出そう.

宿題

素数全体の部分集合 X のゼータ関数
$$\zeta_X(s) = \prod_{p \in X}(1-p^{-s})^{-1}$$
が $s \in \mathbb{C}$ 全体に解析接続可能かどうか考察せよ.

簡単にわかることは

(A) X が有限集合なら $\zeta_X(s)$ は有理型関数,

(B) X の補集合 X^c が有限集合なら $\zeta_X(s)$ は有理型関数

ということである.（A）はそのままの積で見ればよいし,（B）は
$$\zeta_X(s) = \frac{\zeta_{\mathbb{Z}}(s)}{\zeta_{X^c}(s)}$$
からわかる.

したがって，残るは

(C) X と X^c がともに無限集合のときに $\zeta_X(s)$ は $s \in \mathbb{C}$ 全体に解析接続可能か

という問題である.これは難問であり，ここでは，最初の結果である

　　N.Kurokawa"On certain Euler products"［あるオイラー積について］Acta Arithmetica **48** (1987) 49–52

を報告しておこう.そのために, $\mathbb{P}(n,a)$ によって $p \equiv a \bmod n$（つまり, n で割って a 余る p）をみたす素数 p 全体を表すことにする.

定理（黒川）

$$X = \begin{cases} \mathbb{P}(3,1) = \{7,13,19,31,\cdots\} \\ \mathbb{P}(3,2) = \{2,5,11,17,\cdots\} \\ \mathbb{P}(4,1) = \{5,13,17,29,\cdots\} \\ \mathbb{P}(4,3) = \{3,7,11,19,\cdots\} \end{cases}$$

に対して $\zeta_X(s)$ は $\mathrm{Re}(s)>0$ に解析接続可能であるが，$\mathrm{Re}(s)=0$ は自然境界である，したがって，$\mathrm{Re}(s) \leqq 0$ には解析接続不可能である．

証明は前章の黒川の定理の定式化を多少変形するとできる．

12.8　素数山

素数山は前章で出てきた．登山目標としては，5 合目のリーマン予想と 7 合目の深リーマン予想が見やすいが，補充しておこう（朝日新聞 2020 年 9 月 5 日（土）夕刊《いま聞く》欄の黒川信重インタビュー参照；9 月 7 日デジタル版もある）．

まず，$r=1,2,3,4,5$ に対して，r 合目とは

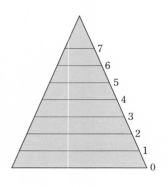

「$\zeta_{\mathbb{Z}}(s)$ は $\mathrm{Re}(s)>1-\dfrac{r}{10}$ に零点をもたない」

が成立することである．これは

「$\displaystyle\lim_{x\to\infty} \dfrac{\psi(x)-x}{x^{1-\frac{r}{10}+\varepsilon}}=0$ が任意の $\varepsilon>0$ に対して成立」

と同値である．とくに $r=5$ のときはリーマン予想と同値であ

る．一般に，黒川テンソル積 $\zeta_{\mathbb{Z}}(s)^{\otimes m}$ のオイラー積を研究することによって

「$\zeta_{\mathbb{Z}}(s)$ は $\mathrm{Re}(s) > \dfrac{1}{2} + \dfrac{1}{2m}$ に零点をもたない」

が証明できることが期待される．とくに，$m = 5$ とすると

「$\zeta_{\mathbb{Z}}(s)$ は $\mathrm{Re}(s) > \dfrac{1}{2} + \dfrac{1}{10} = 1 - \dfrac{4}{10}$ に零点をもたない」

が期待されて，ちょうど 4 合目にあたる．

次に，$r = 6, 7$ に対して r 合目とは，
$r = 6$ のときは

$$\left\lceil \lim_{x \to \infty} \frac{\psi(x) - x}{x^{\frac{1}{2}} (\log x)^2} = 0 \right\rfloor$$

であり，$r = 7$（深リーマン予想）のときは

$$\left\lceil \lim_{x \to \infty} \frac{\psi(x) - x}{x^{\frac{1}{2}} \log x} = 0 \right\rfloor$$

である．

素数山を登頂するには時間がかかる（黒川信重「数学と時間」『窮理』第 17 号，2020 年）が，ゼータ研究をする人間自身が進化することが求められる．ゼータ進化は観察者の進化と相互に関係しているのである．『ゼータ進化論』には限りがない．

あとがき

　本書は，月刊誌『現代数学』2020年4月号〜2021年3月号の連載「ゼータ進化論」が基になっています．この時期は，ちょうど新型コロナウイルスによるパンデミックが地球上に急拡大して支配し，日常生活を一変させることになりました．

　夏につきものの恒例の夏祭りは至るところで中止となり，祭り囃子のにぎやかな音も耳にすることができませんでした．静かな夏は寂しいものです．

　一方，ゼータ惑星における"パンデミック"は何かと考えてみますと，それはゼータ関数についての重大な難問が起こって至るところに普及し研究を支配してしまうことなのでしょう．

　その最大のものは，1859年に起こった「リーマン予想」でしょう．それは現在でも研究を支配しているものです．

　やや小規模の"パンデミック"と言える「ヴェイユ予想（合同ゼータ関数についてのリーマン予想）」は1949年から研究を支配していましたが，グロタンディークによる「行列式表示」という"ワクチン"の開発が1965年に成功して，1974年のドリーニュの論文出版により完全に終息しました．

　本来のリーマン予想に対しても「究極の行列式表示」という"ワクチン"の開発が待たれます．そうすればゼータ惑星に進化した明るい零和が訪れることは，本書で読んで頂いた通りです．

　『現代数学』編集長の富田淳さんには，「ゼータ進化論」の連載中も単行本化に際しても大変お世話になりました．深く感謝申し上げます．

2021年6月12日

黒川信重

索　引

著者紹介：

黒川信重 (くろかわ・のぶしげ)

1952 年生まれ

1975 年　東京工業大学理学部数学科卒業
　　　　東京工業大学名誉教授，ゼータ研究所研究員
　　　　理学博士．専門は数論，ゼータ関数論，絶対数学

主な著書 (単著)

『オイラー，リーマン，ラマヌジャン ── 時空を超えた数学者の接点』岩波書店，2006 年

『リーマン予想の 150 年』岩波書店，2009 年

『リーマン予想の探求　ABC から Z まで』技術評論社，2012 年

『リーマン予想の先へ　深リーマン予想 ──DRH』東京図書，2013 年

『現代三角関数論』岩波書店，2013 年

『リーマン予想を解こう 新ゼータと因数分解からのアプローチ』技術評論社，2014 年

『ゼータの冒険と進化』現代数学社，2014 年

『ガロア理論と表現論　ゼータ関数への出発』日本評論社，2014 年

『大数学者の数学・ラマヌジャン／ζの衝撃』現代数学社，2015 年

『絶対ゼータ関数論』岩波書店，2016 年

『絶対数学原論』現代数学社，2016 年

『リーマンと数論』共立出版，2016 年

『ラマヌジャン探検 ──天才数学者の奇蹟をめぐる』岩波書店，2017 年

『絶対数学の世界 ──リーマン予想・ラングランズ予想・佐藤予想』青土社，2017 年

『リーマンの夢』現代数学社，2017 年

『オイラーとリーマンのゼータ関数』日本評論社，2018 年

『オイラーのゼータ関数論』現代数学社，2018 年

『零点問題集』現代数学社，2019 年

『リーマン予想の今，そして解決への展望』技術評論社，2019 年

『零和への道 ──ζの十二箇月』現代数学社，2020 年

ほか多数．

ゼータ進化論　～究極の行列式表示を求めて～

2021 年 7 月 21 日　　初版第 1 刷発行

著　者　　黒川 信重

発行者　　富田　淳

発行所　　株式会社　現代数学社
　　　　　〒 606–8425 京都市左京区鹿ヶ谷西寺ノ前町 1
　　　　　TEL 075 (751) 0727　FAX 075 (744) 0906
　　　　　https://www.gensu.co.jp/

装　幀　　中西真一（株式会社 CANVAS）

印刷・製本　　亜細亜印刷株式会社

ISBN 978-4-7687-0562-9　　　　　　　　　　　2021　Printed in Japan